Realitätsbezüge im Mathematikunterricht

Herausgegeben von
Prof. Dr. Werner Blum, Universität Kassel
Prof. Dr. Rita Borromeo Ferri, Universität Kassel
Prof. Dr. Gilbert Greefrath, Universität Münster
Prof. Dr. Gabriele Kaiser, Universität Hamburg
Prof. Dr. Katja Maaß, Pädagogische Hochschule Freiburg

Mathematisches Modellieren ist ein zentrales Thema des Mathematikunterrichts und ein Forschungsfeld, das in der nationalen und internationalen mathematikdidaktischen Diskussion besondere Beachtung findet. Anliegen der Reihe ist es, die Möglichkeiten und Besonderheiten, aber auch die Schwierigkeiten eines Mathematikunterrichts, in dem Realitätsbezüge und Modellieren eine wesentliche Rolle spielen, zu beleuchten. Die einzelnen Bände der Reihe behandeln ausgewählte fachdidaktische Aspekte dieses Themas. Dazu zählen theoretische Fragen ebenso wie empirische Ergebnisse und die Praxis des Modellierens in der Schule. Die Reihe bietet Studierenden, Lehrenden an Schulen und Hochschulen wie auch Referendarinnen und Referendaren mit dem Fach Mathematik einen Überblick über wichtige Ergebnisse zu diesem Themenfeld aus der Sicht von Expertinnen und Experten aus Hochschulen und Schulen. Die Reihe enthält somit Sammelbände und Lehrbücher zum Lehren und Lernen von Realitätsbezügen und Modellieren.

Die Schriftenreihe der ISTRON-Gruppe ist nun Teil der Reihe „Realitätsbezüge im Mathematikunterricht". Die Bände der neuen Serie haben den Titel „Neue Materialien für einen realitätsbezogenen Mathematikunterricht".

Jürgen Maaß · Hans-Stefan Siller

Herausgeber

Neue Materialien für einen realitätsbezogenen Mathematikunterricht 2

ISTRON-Schriftenreihe

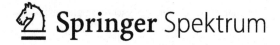 Springer Spektrum

Herausgeber

Prof. Dr. Jürgen Maaß
Institut f. Didaktik der Mathematik
Johannes Kepler Universität Linz
Linz, Österreich

Prof. Dr. Hans-Stefan Siller
FB 3: Mathematik/Naturwissenschaften
Universität Koblenz-Landau Campus Koblenz
Koblenz, Deutschland

Die vorherigen 18 Bände (0–17) der ISTRON-Schriftenreihe erschienen unter dem Titel „Materialien für einen realitätsbezogenen Mathematikunterricht" beim Franzbecker-Verlag.

ISBN 978-3-658-05002-3
DOI 10.1007/978-3-658-05003-0

ISBN 978-3-658-05003-0 (eBook)

Die Deutsche Nationalbibliothek verzeichnet diese Publikation in der Deutschen Nationalbibliografie; detaillierte bibliografische Daten sind im Internet über http://dnb.d-nb.de abrufbar.

Springer Spektrum
© Springer Fachmedien Wiesbaden 2014
Springer Spektrum ist eine Marke von Springer DE. Springer DE ist Teil der Fachverlagsgruppe Springer Science+Business Media
www.springer-spektrum.de

Vorwort

Mathematisches Modellieren wird im Mathematikunterricht der Schule inzwischen besonders beachtet. Zunehmend werden realitätsnahe Problemstellungen aus unterschiedlichen Kontexten und Interessenslagen für den Unterricht aufbereitet.

Die Vielfältigkeit des Begriffs *mathematisches Modellieren* zeugt von seiner großen Bedeutung. Daher bedarf es theoretischer, didaktischer aber auch schulpraktisch-methodischer Betrachtungen, sodass die Positionierung dieses umfangreichen Feldes neben anderen für den Mathematikunterricht wichtigen Aspekten, z. B. Lernen mit technologischer oder instruktionaler Unterstützung, entsprechend fundiert erfolgen kann. Keinesfalls sollen didaktische Grundsätze gegeneinander gestellt werden. Mathematisches Modellieren ist nicht eine neue, zusätzliche Forderung, ein Inhalt, der trotz bestehenden Stoffdrucks zusätzlich unterrichtet werden muss, sondern ein ausgezeichneter Weg zur Integration der ohnehin bestehenden Anforderungen zur Vermittlung vielfältiger Kompetenzen im Unterricht.

Gleichzeitig belegen empirische Studien, beispielsweise jene von K. Maaß (2004), dass realitätsbezogener Mathematikunterricht den Lernenden einen neuen Blick auf Mathematik eröffnen und erheblich zu ihrer Motivation hinsichtlich des Lernens von Mathematik beitragen kann.

Dieser zweite Band der „Neuen Materialien für einen realitätsbezogenen Mathematikunterricht" setzt die bekannte ISTRON-Reihe „Materialien für einen realitätsbezogenen Mathematikunterricht" fort, die mit den Bänden 0 bis 17 im Verlag Franzbecker erschienen ist. Eine ausführliche Übersicht über die bisher erschienen Bände ist auf der ISTRON-Homepage www.istron-gruppe.de unter dem Menüpunkt „Schriftenreihe" zu finden. Dort kann man nach Bänden bzw. nach Autoren suchen oder falls gewünscht mit einer Volltextsuche allfällige Inhalte herausfiltern.

Die Palette der Themen in diesem Buch reicht von 3D-Grafik in Computerspielen und Teamtraining im Radsport über den Weltrekordsprung von F. Baumgartner bis in die Niederungen des Wettbetrugs, von Finanzmathematik über den Wärmetod der Erde zu Genauigkeitsfragen beim Kalender und nicht zuletzt zu Unterrichtsvorschlägen zum funktionalen Denken und zur probabilistischen Modellbildung.

In diesem Band sind die Beiträge alphabetisch nach den Nachnamen des jeweiligen Erst-Autors geordnet. Viel Freude beim Lesen und interessante Anregungen für den Unterricht wünschen die Bandherausgeber.

Jürgen Maaß
Hans-Stefan Siller

Was ist ISTRON?

Die Schriftenreihe mit *Materialien für einen realitätsbezogenen Mathematikunterricht* wird von Werner Blum, Rita Borromeo Ferri, Gilbert Greefrath, Gabriele Kaiser und Katja Maaß im Namen der Gruppe Istron herausgegeben, und die Herausgeberinnen und Herausgeber der einzelnen Bände gehören dieser Gruppe an.

Im Jahre 1990 hat sich in Istron Bay auf Kreta eine internationale Gruppe konstituiert mit dem Ziel, durch Koordination und Initiierung von Innovationen – insbesondere auch auf europäischer Ebene – zur Verbesserung des Mathematikunterrichts beizutragen. Diese Gruppe, die sich nach dem Gründungsort genannt hat, besteht aus acht Mathematikern und Mathematikdidaktikern aus Europa und USA, darunter als deutsches Mitglied der Verfasser dieser Zeilen. Schwerpunkt der Aktivitäten soll sein, Realitätsbezüge des Mathematikunterrichts zu fördern. Konstitutiv dabei ist die Netzwerk-Idee: Die Verbindung von Aktivitäten und der sie tragenden Menschen auf lokaler, regionaler und internationaler Ebene (hieran soll auch das auf der Titelseite abgedruckte Logo erinnern).

Seit 1991 gibt es – als Teil dieses Netzwerks – eine deutsch-österreichische Istron-Gruppe. Sie verantwortet diese Schriftenreihe inhaltlich. Ihr gehören derzeit etwa sechzig Personen an: Lehrende aus Schulen und Hochschulen, Curriculums-entwickler, Schulbuchautoren, Lehrerfortbildner, Zeitschriftenherausgeber. Die Gruppe hat – ganz im Sinne der Netzwerk-Idee – wechselseitige Verbindungen sowohl mit Lehrenden auf lokaler und regionaler Ebene als auch mit der internationalen Istron-Gruppe. Zu den Aktivitäten der Gruppe gehören (neben dieser Schriftenreihe) die Dokumentation und Entwicklung von schulgeeigneten Materialien zum realitätsorientierten Lehren und Lernen von Mathematik sowie alle Arten von Anstrengungen, solche Materialien in die Schulpraxis einzubringen – durch Lehreraus- und -fortbildung, über Schulbücher und Lehrpläne sowie natürlich vor allem durch direkte Arbeit vor Ort mit Lernenden.

Für weitere Informationen und die Kontaktmöglichkeit sei auf die Homepage der Istron-Gruppe verwiesen: www.istron-gruppe.de.

Werner Blum im Namen der Istron-Gruppe

Inhaltsverzeichnis

Teamcycling – Optimales Teamtraining im Radsport

Ein Modellierungsprojekt für die Sekundarstufe II

Dr. Wolfgang Bock und Dr. Martin Bracke

Zusammenfassung

Das Gruppentraining im Radsport ermöglicht es, dass viele Fahrer nahe ihres optimalen Pulsbereichs trainieren und trotzdem in hohem Tempo fahren können. Hierbei wird der Trainingspuls mittels Führungswechseln gesteuert. In diesem Beitrag wird aufgezeigt, wie dieses Thema als Modellierungsprojekt, welches interdisziplinäre Fragestellungen aus den Gebieten Mathematik, Physik, Biologie, Sport und Informatik beinhaltet, für die Sekundarstufe II genutzt werden kann. Weiterhin werden Erweiterungen und Vereinfachungen zur Umsetzung skizziert.

1 Einleitung/Problemstellung

Im Radsport wird oft in Gruppen trainiert. Zum einen, um den Radfahrern zu ermöglichen, sich auf etwaige Mannschaftszeitfahren vorzubereiten. Zum anderen ist dies eine Möglichkeit sehr individuell so zu trainieren, dass jeder der Radfahrer in seinem optimalen Pulsbereich ist und gleichzeitig ein hohes Tempo fahren kann. Der Grund hierfür ist, dass der Windschatteneffekt dazu führt, dass der zweite Fahrer nur noch ca. 64 % der

Leistung des Führenden aufbringen muss, der dritte Fahrer nur noch rund 62 %, der dritte Fahrer allerdings wieder 69 % der Leistung des Führenden. Ein Durchwechseln der Fahrerpositionen hat daher zur Konsequenz, dass der Puls beim momentan Führenden anwächst, bis er einen kritischen Bereich erreicht und der Fahrer sich nach hinten fallen lässt. Danach erholt er sich, sein Puls sinkt und bleibt in etwa konstant bis er wieder an der Spitze ist.

Aus diesem Sachverhalt lassen sich auf vielfältige Weise Problemstellungen ableiten, die von Klassenstufe 5 bis zu Studenten im Masterstudium bearbeitbar sind. Hier konzentrieren wir uns auf Problemstellungen für die Sekundarstufe II. Eine sehr allgemeine Fragestellung ist die Suche nach einer optimalen Folge von Wechselzeiten der Fahrer eines Teams, wobei individuelle Leistungsunterschiede der einzelnen Fahrer berücksichtigt

W. Bock (✉)
CMAF, Universidade de Lisboa, Av. Prof. Gama Pinto 2, 1649-003, Lisboa, Portugal

M. Bracke
Fachbereich Mathematik, Technische Universität Kaiserslautern, Gottlieb-Daimler-Straße 47, 67663, Kaiserslautern, Deutschland

J. Maaß, H.-S. Siller (Hrsg.), *Neue Materialien für einen realitätsbezogenen Mathematikunterricht 2*, Realitätsbezüge im Mathematikunterricht, DOI 10.1007/978-3-658-05003-0_1, © Springer Fachmedien Wiesbaden 2014

Abb. 1 UCI-Team Trial Frauen, Urheber: Sander v. Ginkel, Lizenz: Creative Commons

und verschiedene Zielintervalle für den Belastungspuls eingehalten werden sollen. Als Daten werden Pulsmessungen der beteiligten Fahrer aus Ergometertests zur Verfügung gestellt.

Das Projekt wurde schon mehrmals von den Autoren im Rahmen der mathematischen Modellierungswoche durchgeführt. Hierbei arbeiteten Schülerinnen und Schüler der Klassenstufen 11 und 12 jeweils in 5er bzw. 6er Gruppen zusammen. Pro Gruppe waren jeweils eine bzw. zwei Mathematiklehrkräfte anwesend, die sich aber in der ersten Arbeitsphase mit mathematischen Hinweisen zurückhalten sollten und nur bei technischen Problemen, wie etwa der Datenverarbeitung oder der Programmierung, eingriffen. Die Problemsteller blieben im Hintergrund und beantworteten nur Fragen zum Problemkontext, d. h. etwa zu Daten oder zur Fragestellung selbst.

In beiden Gruppen hatten mehrere Mitglieder Programmierkenntnisse in Python und waren geübt im Umgang mit einer Tabellenkalkulation.

1.1 Anforderungen an die Schülerinnen und Schüler

Programmierkenntnisse Das Modell und der Abgleich der Daten sind mit einem Tabellenkalkulationsprogramm gut zu bewältigen. Für die Frage nach genauen Wechselzeiten muss man jedoch ein Programm zur Optimierung heranziehen. Dies lässt sich jedoch dadurch umgehen, dass man die Schüler mit Hilfe von Schiebereglern gute Parametersätze durch Ausprobieren finden lässt. Hierfür ist ein Tabellenkalkulationsprogramm ausreichend.

Nichtsdestotrotz ist es hilfreich, wenn zumindest einige Schüler über rudimentäre Programmierkenntnisse (Schleifen, if/else-Verzweigungen) verfügen.

Physikkenntnisse Die benötigten physikalischen Modelle wie Luft- und Rollwiderstand sind oft nicht aus dem Physikunterricht bekannt. Hier kann es, zur Zeitersparnis, hilfreich sein, den Schülern Formeln vorzugeben. Der Zusammenhang zwischen Leistung, Kraft und Geschwindigkeit sollte jedoch im Physikunterricht behandelt worden sein oder kann aus dem Physiklehrbuch nachvollzogen werden.

2 Physikalisches Modell – Positionsabhängige Leistung

Gegeben ist in der Problemstellung, dass der Windschatteneffekt zu einer Verringerung der aufzubringenden Leistung für die nachfolgenden Fahrer führt. Die für die verschiedenen in der Problemstellung genannten Reduktionen der zum Halten derselben Geschwindigkeit benötigten Leistungen sind dabei nicht absolut, sondern hängen vielmehr von Parametern wie Größe und Haltung der Fahrer auf ihrem Rad ab. Die Entwicklung eines entsprechenden Modells zur genauen Quantifizierung ist allerdings für Schüler zu komplex, so dass mit den oben gegebenen Werten gearbeitet werden kann.

Unklar ist für die weitere Bearbeitung aber zunächst, welche Leistung jeder Fahrer eines Teams zum Halten einer vorgegebenen Geschwindigkeit aufbringen muss. Daher entwickeln die Schülerinnen und Schüler zunächst Modelle, die sich direkt mit dem Zusammenhang zwischen der vom Fahrer aufgebrachten Leistung und der Geschwindigkeit, abhängig von verschiedenen Parametern, beschäftigen. Ein solches physikalisches Modell betrachtet etwa die Leistung in Abhängigkeit von Position und Geschwindigkeit.

Mit der vom Radfahrer aufgebrachten Leistung müssen Kräfte wie Luftwiderstand, Rollwiderstand und Gravitation übertroffen werden. Als Erweiterung kann man über Modelle, welche auch noch Trägheit und Reibungsverluste durch Lager und Kette berücksichtigen, nachdenken. Wir werden uns hier aber nur mit Ersterem beschäftigen. Wenn man eine konstante Geschwindigkeit während des Trainings annimmt, kann die aufzuwendende Kraft für die Beschleunigung zunächst vernachlässigt werden. Nimmt man zusätzlich an, dass das Training auf einer flachen Ebene stattfindet, so spielt auch die Hangabtriebskraft keine Rolle.

Für den Luftwiderstand erhält man

$$F_W = cv^2 = 1/2\rho c_W Av^2\,,$$

wobei c_W der Koeffizient des Luftwiderstandes, A die Angriffsfläche des Windes, v die Geschwindigkeit des Radfahrers und $\rho = 1{,}2\,\text{kg/m}^3$ die Dichte der Luft ist. Aus Experimenten im Windkanal kann man annehmen, dass $c_W A \in [0{,}25, 0{,}35]$.

Wie bereits in der Problemstellung angesprochen kann die Änderung des Luftwiderstandes durch Fahren im Windschatten oder an der Spitze als gutes Werkzeug dafür dienen, den Leistungsaufwand jedes einzelnen Fahrers in einem für sein Training optimalen Bereich zu halten. Der Rollwiderstand F_R ist gegeben durch

$$F_R = c_R mg\,,$$

wobei $c_R \in [0{,}003, 0{,}005]$ der Koeffizient der Rollreibung ist, m die Masse (hier des Fahrers und

Fahrrads zusammen) und $g = 9{,}81\,\text{m/s}^2$ der Ortsvektor.

Jetzt können wir den Zusammenhang zwischen Leistung, Kraft und Geschwindigkeit, $P = Fv$, verwenden, der sich über die Definition von Leistung als Ableitung der Arbeit nach der Zeit auch schnell herleiten lässt, falls er unbekannt ist. Unter Benutzung der beiden Gleichungen für Roll- und Luftwiderstand erhält man für den Führenden den Leistungsaufwand

$$P_L = (F_W + F_R)v\,,$$

bzw. für den zweiten Fahrer

$$P_F = (0{,}64F_W + F_R)v\,,$$

da sich beim Folgenden durch den Windschatteneffekt der Luftwiderstand um 36 % verringert. Der Rollwiderstand ändert sich bei gleicher Geschwindigkeit natürlich nicht. Hierdurch ergibt sich ein erstes physikalisches Modell, das die von den Fahrern aufzubringende Leistung berechnet. Man erhält die kubische Gleichung

$$P_L = cv^3 + F_R v\,.$$

Aus dieser Formel kann direkt die von den Fahrern zum Erreichen einer gewählten Geschwindigkeit v benötigten Leistung errechnet werden. Eine interessante Variante ist an dieser Stelle die Frage, welche Geschwindigkeit denn erreicht wird, wenn eine bestimmte Leistung zur Verfügung steht. Hierzu muss die (richtige) Nullstelle eines kubischen Polynoms berechnet werden, was durchaus eine eigene Herausforderung darstellt. Man bekommt unter Benutzung der Cardanischen Formeln eine reelle und zwei echt komplexe Nullstellen. Aufgrund des physikalischen Hintergrunds ergibt sich für die Geschwindigkeit

$$\begin{aligned}
v(P_L) = {}&(P_L/(2c) + ((P_L/(2c))^2 \\
&+ (F_R/(3c))^3)^{\frac{1}{2}})^{\frac{1}{3}} + (P_L/(2c) \\
&- ((P_L/(2c))^2 + (F_R/(3c))^3)^{\frac{1}{2}})^{\frac{1}{3}}
\end{aligned}$$

Alternativ kann die reelle Nullstelle auch mit numerischen Methoden (Bisektion, Newton-Verfahren) bestimmt werden, wobei man sich ein wenig Gedanken über die Startwerte/-intervalle machen muss. Ein nächster Schritt ist es nun, eine Verbindung der Leistung und somit der Geschwindigkeit zum Puls der Fahrer zu bestimmen.

2.1 Probleme auf Schülerseite und Anmerkungen

Ein großes Problem bei der Entwicklung des physikalischen Modells stellt für die Schülerinnen und Schüler sicher die Vereinfachung des Modells durch geschickte Annahmen dar. Die von den Autoren betreuten Gruppen hatten hierbei zunächst Probleme, weil die Schüler alles in der größtmöglichen Allgemeinheit beschreiben wollten. Die hilfreichen Vereinfachungen können jedoch durch geschicktes Nachfragen gesteuert werden. Es sollte den Schülerinnen und Schülern auf jeden Fall geraten werden, die in verschiedenen Stadien der Modellierung auftretenden Ideen festzuhalten, um später gegebenenfalls wieder darauf zurück zu kommen.

Wenn es die Zeit erlaubt wird empfohlen, die benötigten Formeln und physikalischen Zusammenhänge von den Schülern recherchieren zu lassen. Steht diese Zeit nicht zur Verfügung, kann man allerdings auch mit den fertigen Formeln und passenden Koeffizienten starten und sich auf die folgenden Fragestellungen konzentrieren.

An mehreren Stellen ist es notwendig geeignete Werte zu schätzen. Dies beginnt beim Gewicht von Fahrer und Rad, geht über den Koeffizienten der Rollreibung und macht schließlich das Schätzen der Windangriffsfläche für einen Rennradfahrer nötig. Gute Schätzungen können hierbei, etwa durch gegenseitiges Vermessen für den letzten Wert erreicht werden. Den Autoren scheint es lohnend, sich die Zeit für das Ermitteln der benötigten Werte zu nehmen und sie nicht direkt vorzugeben.

3 Ein geschwindigkeitsabhängiges Pulsmodell

Um einen leistungsabhängigen Puls zu erhalten, bekamen die Schüler der Modellierungswochen unterschiedliche, große Datensätze zur Verfügung gestellt. Die Daten umfassten dabei

Inkrementdaten (Abb. 2) Hier muss ein Radfahrer eine gestufte konstante Leistung aufbringen, die zunächst bei 100 W startet und dann alle drei Minuten jeweils um 25 W erhöht wird. Der Test ist beendet, wenn der Fahrer die erforderliche Leistung nicht mehr auf bringen kann.

Intervalldaten (Abb. 3) Hierbei muss ein Radfahrer jeweils 2 Minuten lang 60 % der Maximalleistung aus seinem Inkrementtest aufbringen, um danach 3 Minuten lang bei 110 % Maximalleistung zu fahren. Der Test ist vorbei, sobald der Fahrer von sich selbst aus den Test beendet.

Puls und Leistung wurden bei beiden Testarten jede Sekunde gemessen. Die Daten lagen für insgesamt 14 Fahrer vor.

Die Inkrementdaten können herangezogen werden, um eine Relation zwischen Puls und Leistung herzuleiten, während der Intervalltest Aufschluss über den Verlauf des Pulses beim Übergang aus hoher Belastung zu niedriger Belastung gibt.

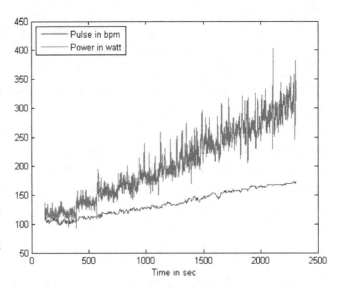

Abb. 2 Inkrement Puls/Zeit, Leistung/Zeit

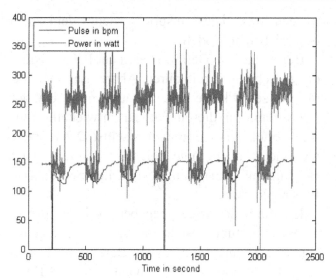

Abb. 3 Intervall Puls/Zeit, Leistung/Zeit

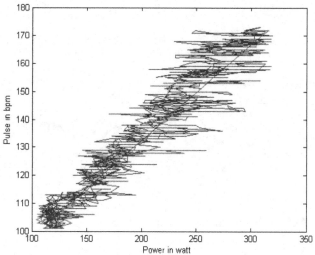

Abb. 4 Inkrementtest: Puls pro Leistung

3.1 Leistungsabhängiger Puls

Im Allgemeinen kann man den Effekt des Trainings auf den Puls HR durch die Gleichung

$$HR(t) = HR_S + \Delta HR(t)\,,$$

wobei $\Delta HR(t)$, die Veränderung des Pulses durch die aufzubringende Arbeit beim Radfahren zu einer bestimmten Zeit t ist und HR_S der Ruhepuls des Fahrers.

Man kann nun aus den gegebenen Daten, ähnlich den Daten in Abb. 2 die Abhängigkeit des Pulses von der Leistung betrachten. Man erhält in guter Näherung eine lineare Abhängigkeit zwischen Puls und Leistung (siehe Abb. 4).

Somit kann mit Hilfe von Regressionsgeraden der Puls in Abhängigkeit von der Leistung und somit der Geschwindigkeit bestimmt werden. Im vorliegenden Projekt wurde die Regressionsgerade mit Hilfe der internen Fit-Funktion einer Tabellenkalkulation bestimmt und nicht auf die mathematischen Hintergründe eingegangen.

3.2 Pulsverlauf bei Führungswechsel

Wie in Abb. 3 zu sehen, ist der Übergang des Pulses vom hohen zum niedrigeren Niveau, genauso

wie der vom niedrigen zum hohen Niveau nichtlinear. Hierbei kann etwa durch geeignete Modelle für Fitfunktionen mit Hilfe eines Tabellenkalkulationsprogramms ein sinnvoller exponentieller Zusammenhang für den zeitlichen Pulsverlauf zwischen den beiden Niveaus ermittelt werden.

3.3 Ermüdung

Bei exakter Betrachtung der Daten für den Intervalltest, kann man ein leichtes Ansteigen der Maxima und Minima des Pulses bei längerer Testdauer beobachten. Dieser Anstieg kann ebenfalls als linear angenähert werden (vgl. Abb. 5). Dies liefert ein einfaches Modell für die Ermüdung. Zur Erzeugung der dargestellten Grafik wurden zunächst die lokalen Maxima aus den Daten ausgelesen und diese anschließend linear angenähert.

3.4 Schülerprobleme und Anmerkungen

Die zur Verfügung gestellten Daten sind Rohdaten, welche von den Sportwissenschaften der TU Kaiserslautern für das Projekt zur Verfügung gestellt wurden.

Aufgenommen wurden diese Daten mit Hilfe einer Pulsuhr und einem Ergometer. Daher wa-

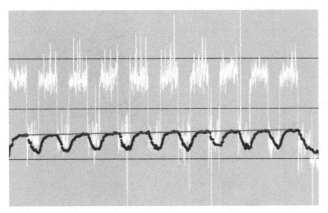

Abb. 5 Ermüdung aus Intervalldaten

ren die Daten teilweise fehlerhaft und lieferten zusätzliche für das Modell unnötige Daten, wie Temperatur und Höhe.

Der Umgang mit Rohdaten stellte insgesamt für die Schülergruppen große Probleme dar, bietet auf der anderen Seite aber auch ein hohes Lernpotential.

3.5 Erweiterungen

3.5.1 Einbau von Steigungen und realen Streckenprofilen

Nachdem der Zusammenhang zwischen Leistung und Geschwindigkeit ermittelt ist, kann man das Modell leicht auf Strecken mit Steigungen erweitern. Hierzu kommt als zusätzliche zu überwindende Kraft die Hangabtriebskraft dazu. Man kann dann zunächst für verschiedene Steigungen die Leistung bestimmen und daraus den Puls nachvollziehen.

Das Modell gilt zunächst nur für positive Steigungen, also nicht per se für Gefälle.

Will man ein geeignetes Modell für reale Strecken entwickeln, so muss man sich auch darüber Gedanken machen, wie sich der Puls bei starkem Gefälle entwickelt.

Es kommt dabei darauf an, wie groß die zusätzliche Hangabtriebskraft ist. So kann es sein, dass bei geringem Gefälle noch zusätzliche Leistung zum Halten der Geschwindigkeit aufgebracht

werden muss. Dies entspricht wieder dem zuvor beschriebenen Modell.

Bei zu starkem Gefälle steuert der Fahrer jedoch die Geschwindigkeit durch Abbremsen. Hierbei muss er selbst keine Leistung aufbringen. Um den Pulsverlauf für diesen Fall zu entwickeln, kann man mittels eines Ergometers selbst Daten erzeugen, indem man einige Zeit fährt und dann nach Beendigung des Trainings beobachtet, wie sich der Puls regeneriert.

Ist eine reale Strecke gegeben, so kann man, je nach zur Verfügung stehender Zeit, viele neue gesonderte Themen entwickeln. Bereits die Ermittlung des Streckenprofils anhand von GPS-Daten kann bereits ein sehr anspruchsvolles Thema sein, welches Probleme wie Interpolation und Glättung aufwirft.

Je nach Streckenbeschaffenheit können Verluste durch schlechten Untergrund oder Einfluss von Wind – also nicht alleine dem Fahrtwind – in das Modell einbezogen werden.

Ebenfalls ist das Einlesen von Streckendaten und die abschnitts- und näherungsweise Beschreibung durch z. B. lineare Teilstücke für die Schülerinnen und Schüler sicherlich eine Problemstellung an sich.

3.5.2 Selbsterzeugung von Datensätzen

Wenn es Zeit und Material erlauben, können die erforderlichen Daten von den Schülerinnen und Schülern auch selbst erzeugt werden. Hierfür notwendig ist lediglich ein Ergometer, wie es in Fitnessstudios oder als Heimtrainer zur Verfügung steht, sowie eine Pulsuhr mit Möglichkeit zur Aufzeichnung.

Die Entwicklung von guten Datensätzen und die Frage, welche Daten man für ein geeignetes Modell benötigt, stellen ein zusätzliches, gesondertes Teilthema dar.

Hierbei können die Schüler vor allem auch den Umgang mit großen Datenmengen und ein Gefühl für die Genauigkeit der einzelnen Parameter sowie den Einfluss von Messfehlern lernen.

Zudem ist davon auszugehen, dass durch den Umgang mit selbst erzeugten Daten, eine höhere

Motivation für die Bearbeitung des Themas erreicht wird.

3.5.3 Kalorienverbrauch und Abgleich mit der Realität

Ein Abgleich des Modells mit der Realität ist für Schülerinnen und Schüler oft von großem Interesse. Hierzu können, sofern es die Zeit zulässt, Experimente zur Verifizierung durchgeführt werden.

Eine Möglichkeit dazu bieten Powermeter, welche den Leistungsaufwand messen. Hiermit können dann die Schülerinnen und Schüler im Realexperiment die Abhängigkeit von Puls und Leistung bzw. Geschwindigkeit nachprüfen und gegebenenfalls die zuvor gewählten Modellparameter anpassen.

Der Einsatz von Powermetern ermöglicht auch, den Kalorienverbrauch für eine gefahrene Strecke zu berechnen. Dies ist eine Erweiterung, die für viele Schülerinnen und Schüler von großem Interesse sein wird.

4 Optimierung (Gruppengröße und Wechselzeiten)

Mit Hilfe eines Modells für den geschwindigkeitsabhängigen Pulsverlauf können nun verschiedene Fragestellungen beantwortet werden.

4.1 Wechselzeiten für homogene Trainingsgruppen

Eine erste Frage ist, wie die Wechselzeiten bei einer Trainingsgruppe mit gleich starken Fahrern aussehen.

Um hierfür ein geeignetes Modell zu erhalten muss man zunächst ein Wechselkriterium festlegen. Bei den von den Autoren betreuten Gruppen wurde sich dafür entschieden, ein Pulsintervall vorzugeben, in dem alle Fahrer trainieren sollten.

Ein Kriterium ist dann, so zu wechseln, dass möglichst lange kein Fahrer unter seine vorgegebene untere Schwelle fällt. Ebenfalls soll kein

Fahrer über den festgelegten Maximalpuls kommen.

Hierzu benötigt man die optimale Trainingsgeschwindigkeit. Dazu gingen die Schülergruppen wie folgt vor:

Die Geschwindigkeit sollte so gewählt werden, dass die im Windschatten fahrenden Radfahrer in der Mitte des vorgegebenen Pulsintervalls fuhren. Die Variation innerhalb des gewählten Intervalls wird also nur durch das Wechseln gegeben.

Um möglichst optimal zu wechseln lässt sich bei einer homogenen Gruppe, d. h. alle Fahrer sind gleich stark und sollen gleich trainieren, das Intervall so einschränken, dass die untere Grenze der optimale Trainingspuls ist. Optimal ist daher ein dauerhaftes Wechseln, bei dem der Führende sofort wieder nach hinten durchwechselt (belgischer Kreisel).

4.2 Heterogene Trainingsgruppen

Zur Betrachtung von heterogenen Trainingsgruppen sind ähnliche Überlegung wie zuvor notwendig. Zusätzlich sind jedoch nun mehrere Pulsintervalle und nicht nur ein einzelnes zu betrachten.

Dies führt sofort zu der Frage, welche Fahrer man überhaupt zu einer Trainingsgruppe zulassen kann. Sollte z. B. ein sehr starker Fahrer mit sehr schwachen Fahrern trainieren, so wird er sicherlich nicht seinen optimalen Pulsbereich erreichen können.

Um hier zu einem sinnvollen Ziel zu kommen, gibt es mehrere Möglichkeiten. So kann man z. B. den Fakt der Ermüdung einfließen lassen und vorgeben, wie lange ein Training dauern soll.

Nimmt man jetzt an, dass die Geschwindigkeit während des Trainings konstant bleiben soll, so ergeben sich wie in Abschn. 4.1. beschrieben nun zunächst so viele Trainingsgeschwindigkeiten wie verschiedene Pulsintervalle vorhanden sind.

Man kann dann zunächst das Training für diese verschiedenen Geschwindigkeiten simulieren und nur passende Konfigurationen zulassen.

Wird keine passende Konfiguration gefunden, so wird die Konfiguration genommen, bei der am längsten trainiert werden kann und der Fahrer, der als erstes aus seinem Pulsbereich fällt, wird aus der Trainingsgruppe entfernt.

Dies führt natürlich nicht zu einer optimalen Lösung, jedoch konnte eine Schülergruppe diese Methode erfolgreich anwenden.

Um optimale Wechselzeiten der Fahrer bei gegebener Geschwindigkeit zu finden, müssen die Schülerinnen und Schüler zunächst ein zu minimierendes Kostenfunktional aufstellen. Dabei muss man anmerken, dass hierbei Methoden genutzt werden, die in der Schulmathematik nicht behandelt werden. Je nach Stärke der Schülergruppe und der zur Verfügung stehenden Zeit, sollte die Lehrperson abwägen, ob man den Weg der numerischen Optimierung gehen möchte, oder ob ein lokales Optimum ausreicht, das man z. B. durch Ausprobieren mit einem Schieberegler erreichen kann, siehe Abschn. 5.

Oft ist es so, dass die Schülerinnen und Schüler bereits wissen, was sie optimieren wollen, es aber nicht in mathematischer Form ausdrücken können.

Es kam bei einer der Schülergruppen auf, dass alle Pulse möglichst nah am Optimalpuls liegen. Hier hilft es sicherlich, noch einmal auf die heterogene Gruppe zu blicken. Es geht also darum, dass die Gesamtabweichung aller Pulse vom Optimalpuls niedrig gehalten wird. Dazu ist es sinnvoll die Zeit zunächst zu diskretisieren, d. h. man betrachtet den Puls jede Sekunde. Man erhält dann als Kostenfunktional

$$J = \sum_{i=0}^{\tau} \sum_{n=1}^{N} (HR_n(i) - HR_{\mathrm{opt}})^2$$

wobei N die Anzahl der Fahrer und τ die Wechselzeit ist; der Index n bezieht sich auf den Fahrer mit der Nummer n.

Nun kann man sich überlegen, dass der erste Fahrer bei einer vorgegebenen Geschwindigkeit nur eine bestimmte Zeit lang führen kann.

Man setzt mit dem Rechner verschiedene Zeiten ein und sucht das Minimum des Kostenfunktionals. Dies ist die erste Wechselzeit.

Dann führt man den Wechsel durch und sucht erneut ein Minimum.

Der Algorithmus endet, sobald die Trainingsdauer erreicht ist, oder ein Fahrer das vorgegebene Pulsintervall verlässt.

5 Fazit, generelle Anmerkungen und alternative Fragestellungen

Die Fragestellung sieht auf den ersten Blick sehr komplex aus und liefert viele Möglichkeiten für gesonderte Teilprojekte.

Wie weit man im Unterricht kommt und was man den Schülerinnen und Schülern abnehmen sollte, ist sicherlich von der gegebenen Zeit, den Voraussetzungen der Schüler sowie der Schülermotivation bei der Bearbeitung des Themas abhängig.

Die von den Autoren betreuten Schülergruppen hatten für ihre Bearbeitung drei volle Tage Zeit. Hierbei wurde aber wenig bis überhaupt nicht in den Prozess der Modellfindung und Problemlösung eingegriffen. Es wurden lediglich die Daten an die Schüler weitergegeben und mit gezieltem Nachfragen versucht, die Gruppen bei sinnvollen Annahmen zu unterstützen.

Hat man weniger Zeit zur Verfügung, so kann man gegebenenfalls die physikalischen Phänomene, die beim Radfahren auftreten, mit den Schülerinnen und Schülern in Lehrgangsform besprechen.

Die Entwicklung des physikalischen Modells, sollte dann nach Erfahrung der Autoren nicht mehr als zwei Schulstunden in Anspruch nehmen.

Für das Bearbeiten der Daten sollten noch einmal mindestens drei Schulstunden zur Verfügung stehen. Hier kann man die Schülerinnen und Schüler etwas mehr leiten und beim Umgang mit fehlerhaften Daten unterstützen.

Wenn dann ein Modell für ein Training entwickelt und in einer Tabellenkalkulation umgesetzt ist, so kann man mit Hilfe von Schiebereglern den Zeitaufwand bei der Optimierung enorm verkürzen. Wenn ein Fahrer sein vorgegebenes Pulsintervall verlässt, wird er rot eingefärbt, so dass schnelle Rückschlüsse möglich werden. Auch ohne den Einsatz von rigorosen Verfahren zur Optimierung (die in der Schule nicht zur Verfügung stehen), können so sehr ansprechende Ergebnisse erzielt werden.

Das Verstehen der Auswirkungen und des Zusammenspiels der einzelnen Parameter kann unserer Meinung nach ebenfalls bereits ein abgeschlossenes Teilthema sein. In diesem Fall würde man das als Lehrender sowohl das Modell als auch eine Implementierung wie zuvor beschrieben zur Verfügung stellen. Nach relativ geringem Aufwand für das Verständnis der benötigten Zusammenhänge – das eigenständige Entwickeln nimmt deutlich mehr Zeit in Anspruch, bietet aber auch das größere Lernpotential – können die Schüler sich mit der Optimierung des Teamtrainings befassen. Mit Hilfe dieses Werkzeugs können die Schülerinnen und Schüler durch intelligentes Ausprobieren ein lokales Optimum finden und dabei ebenfalls Einsichten in die tieferen Zusammenhänge des betrachteten Phänomens erlangen.

Insgesamt hat die vorgestellte Problemstellung einen sehr weiten Einsatzbereich sowohl den zeitlich Umfang als auch die inhaltliche Tiefe betreffend und kann damit für verschiedene Lerngruppen individuell angepasst werden. Durch die beschriebenen Erweiterungen sind auch heterogene Lerngruppen unproblematisch.

Forschungsprozess und probabilistische Modellbildung – Stochastische Denkweisen

Prof. Dr. Manfred Borovcnik

Zusammenfassung

Die Begriffe der Wahrscheinlichkeitsrechnung sind abstrakt und einer direkten Deutung kaum zugänglich. Die Methoden der beurteilenden Statistik bauen darauf auf und verwenden zusätzlich eine eigene Logik. Häufig werden die Methoden mechanisch angewandt: bei Wahrscheinlichkeit regiert eine primitive Deutung als relative Häufigkeit, die beurteilenden Methoden werden rezeptartig eingeführt. Für echte Anwendungen ist es aber unerlässlich, den Modellbildungsgedanken einzubinden. Das kann auch die Unterweisung verbessern. Wir illustrieren mit Fallbeispielen aus der empirischen „Forschung" das Potential, über Modellbildung stochastische Denkweisen zu fördern.

1 Modellbildung und Stochastik

Die Debatten um Risiken jedweder Art machen uns bewusst, welch große Verbreitung Wahrscheinlichkeitsmodelle gefunden haben. Sogar Physiker sind bestrebt, kausale Paradigmen durch den Zufall zu ersetzen (Styer 2000). Unsere Gesellschaft ist evidenzbasiert geworden: logische Schlüsse werden in zunehmend unsicherer Welt durch statistische Schlüsse ersetzt.

Das Paradigma empirischer Forschung setzt sich selbst in technischen Wissenschaften durch; nur ein Beispiel dazu: in der Materialforschung wird unter experimentellen Bedingungen ausgetestet, welche „Mischungen" sich für bestimmte Zwecke bewähren. Eine evidenzbasierte Orientierung hat auch die Wissenschaften neu gestaltet. So genannte „Soft Sciences" versuchen, Regelmäßigkeiten oder gesetzesähnliche Beziehungen durch Daten abzusichern.

Wenn es um die Verallgemeinerung von Schlüssen aus empirischen Daten geht, so dienen Methoden der beurteilenden Statistik als Standard. Diese sind in einen allgemeinen Prozess der Erkenntnisgewinnung eingebettet, der mit einer systemanalytischen Erfassung und Modellierung der Ausgangssituation zusammenhängt.

Auch für die Wahrscheinlichkeitsrechnung bietet der Modellierungsgedanke Möglichkeiten, Konzepte neu zu bewerten: So etwa gehen Aussagen

M. Borovcnik ✉
Institut für Statistik, Alpen-Adria Universität Klagenfurt, Universitätsstr. 65, 9020, Klagenfurt, Österreich

J. Maaß, H.-S. Siller (Hrsg.), *Neue Materialien für einen realitätsbezogenen Mathematikunterricht 2*, Realitätsbezüge im Mathematikunterricht, DOI 10.1007/978-3-658-05003-0_2, © Springer Fachmedien Wiesbaden 2014

wie „Die Wahrscheinlichkeit beim Würfeln für einen Sechser IST 1/6" am Wesentlichen vorbei. Wahrscheinlichkeit kommt einer realen Situation erst indirekt über eine *Modellierung* zu. Vielmehr ist diese Feststellung Folge eines Modells – der Gleichwahrscheinlichkeit, das bei nur leichten Verletzungen der Symmetrie brauchbare Ergebnisse liefert.

Im Prozess der Modellierung braucht man viel Mathematik, weil man viele Modelle miteinander zu vergleichen hat (in Voraussetzungen wie in Ergebnissen); darüber hinaus sind Kenntnisse des Kontexts unerlässlich. Der Prozess verläuft zyklisch:

- ein vernünftiges Modell für die Situation erarbeiten;
- innerhalb des Modells Lösungen finden;
- diese auf die Situation übertragen;
- die Lösung im Kontext evaluieren; und
- weitere Fragen, die durch das neue Wissen aufgeworfen werden, thematisieren.

Üblicherweise durchläuft man mehrere Zyklen bis zur „Lösung". Für die Beurteilung eines Modells muss man zwischen Modellebene und realem Problem hin und her übersetzen. Die Übersetzung wird durch typische Muster erleichtert aber auch eingeschränkt. Neben der Interpretation von Wahrscheinlichkeit als relative Häufigkeit (und darauf basierend Erwartungswert als Richt- oder Prognosewert für Mittelwerte in „Stichproben") gibt es auch die Zusammenfassung der Voraussetzungen einer Wahrscheinlichkeitsverteilung in einer tragfähigen Idee, welche diese Verteilung verkörpert (siehe Borovcnik und Kapadia 2011).

2 Statistische Signifikanz und statistische Experimente

Wir benutzen eine Fallstudie um die Denkweise und das Verfahren des statistischen Signifikanztests zu entfalten. Dabei ist uns aus vielerlei Hinsicht die enge Bindung an den Kontext wichtig. Die Motivation ist wichtig, ja, aber auch, dass man den Prozess der Modellbildung mit dem Kontext immer rückkoppeln kann und die neuen Begriffe damit in Griffweite bleiben und leichter interpretierbar sind.

Das Verfahren wird dann am Ende eines Modellbildungsprozesses als Zusammenfassung der Vorgangsweise eingeführt. Damit wird eine allgemein gültige Methode begründet, wie man – unter der Einschränkung, dass die Modellierungsschritte auch wirklich passen – eine Sachfrage beantworten kann.

Die Sachfrage „Sind wir besser als die Psychologen es in einem Gesetz formuliert haben?" wird dabei auf die Ebene des Zufalls verschoben und so umformuliert „Wie ungewöhnlich, nein, wie unwahrscheinlich ist unsere beobachtete Leistung, wenn wir den Zufall als Vergleichsmaßstab heranziehen?" Letztere Frage ist mit Methoden der beurteilenden Statistik analysierbar. Aus Platzgründen besprechen wir nur Eckpfeiler der Vorgangsweise – auch um eine gewisse Abgeschlossenheit des Themas im vorliegenden Beitrag zu bewahren. Details kann man etwa in Borovcnik und Kapadia 2012 finden.

2.1 Statistische Vorgangsweisen

In der Statistik gibt es mindestens zwei verschiedene Zugänge: beim einen vergleicht man das Ergebnis der vorliegenden Stichprobe mit Hypothesen über einen Parameter und verwendet dabei statistische Tests und Vertrauensintervalle. Der andere ist, Daten in Form einer (unterstellten) Stichprobe zu erzeugen, um dann zielgerichtet zu untersuchen, ob eine Zielvariable von bestimmten Einflussfaktoren abhängt, wobei man solche Abhängigkeiten etwa deswegen beschreiben möchte, um die dahinter steckenden Prozesse besser zu verstehen.

In unseren Fallstudien beziehen wir die „statistischen Modelleure" in den Prozess der Modellbildung mehrfach ein: die Hypothesen beziehen sich direkt auf sie, die Daten sind persönlich verankert, die Ergebnisse müssen auf sich selbst bezogen und interpretiert werden. So ein Zugang erhöht die Motivation und führt zu einem interaktiven Prozess, in welchem neue Vermutungen durch Zwischenergebnisse angeregt werden und die Schlussfolgerungen viele neue Fragen aufwerfen. Das verdeutlicht authentisch den Prozess, der zu empirisch fundiertem neuen Wissen führt.

2.2 Der Kontext und die Sachfrage

Wir benutzen ein psychologisches Experiment zum Kurzzeitgedächtnis, um die Teilnehmer direkt in die Analyse miteinzubeziehen. Hierzu wählten wir 15 Worte; jedes war für eine Sekunde auf der Leinwand sichtbar, dazwischen gab es eine kurze Pause. Notizen waren „ausdrücklich untersagt". Danach sollten die Teilnehmer die Worte aus dem Gedächtnis heraus notieren. Wir folgten einem Vorschlag von Richardson und Reischman (2011).

Der Kontext wurde durch die folgende Frage eingeführt: Wie gut sind wir und wie gut sind Leute im Allgemeinen im Memorieren von Worten („Dingen")? Wir könnten unsere Ergebnisse mit denen anderer Gruppen vergleichen. Für den wissenschaftlichen Fortschritt gilt das Verhalten *allgemeiner* Gruppen, wie es in gesetzesähnlichen Aussagen formuliert wird, als Vergleichsmaßstab. Solche anerkannten Aussagen sind aus vergleichbaren Experimenten gewonnen worden.

Psychologen haben Experimente zum Kurzzeitgedächtnis in den 1950ern durchgeführt. Miller (1956) resümiert die Ergebnisse in einem Gesetz der magischen 7: Leute können sich mehr oder weniger 7 plus oder minus 2 Items merken. Wichtig ist dabei, dass die Items völlig ohne Zusammenhang sind; jegliche Querbezüge gelten als anerkannter Co-Faktor und würden demnach die Merkaufgabe wesentlich erleichtern.

2.3 Vergleich unserer Ergebnisse mit Hypothesen oder anderen Gruppen

Die Daten stammen aus einem Workshop mit 46 Lehrern in Irland (Details dazu findet man in Borovcnik und Kapadia 2012).

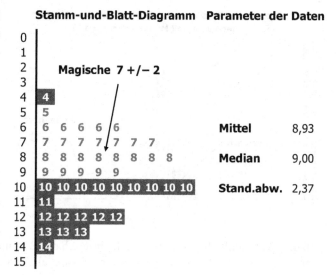

Abb. 1 Stamm-und-Blatt – Ergebnisse, die vom magischen 7 ±2 abweichen, sind hervorgehoben

Einflussfaktoren für die Zielgröße Merkfähigkeit werden in Abschn. 3 behandelt. Wir starten mit der beurteilenden Statistik; die Einführung des Signifikanztests war das eigentliche Motiv, den Kontext einzuführen. Das Ziel der Fallstudie ist zweierlei: i. Zu beantworten, ob unsere Gruppe besser ist als man nach einem allgemeinen Gesetz zu erwarten hat. ii. Methoden einzuführen, die einen solchen Vergleich ermöglichen.

Unser Zugang ist dadurch gekennzeichnet, dass wir die Verbindung zwischen den formalen Begriffen und dem Kontext aufrecht halten. Das soll die Vorgangsweise besser verständlich machen. Wir verwenden zuerst informelle Wege, um schließlich den Vorzeichentest einzuführen. Wir kürzen aus Platzgründen hier die Entwicklung ab und stellen nur die Eckpunkte dar.

Markieren des normalen Bereichs Die Frage, ob wir besser sind als das Gesetz der magischen 7, kann man schon mit einem Stamm-und-Blatt-Diagramm behandeln (Abb. 1). Wenn wir den Bereich 7 plus minus 2 markieren, so erkennen wir rasch, dass sich etwa die Hälfte in diesem Bereich befindet, während nur ein einziger darunter, die vielen anderen aber darüber sind.

a

Anzahl der Personen mit Score über dem Median
- modelliert mit Münzwerfen $p = 1/2$

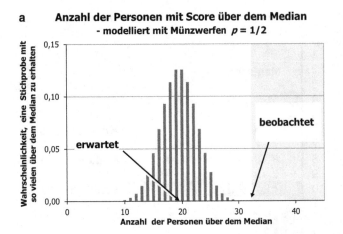

b

Anzahl der Personen mit Score über dem Median
- Simulationsszenario mit Münzwerfen $p = 1/2$

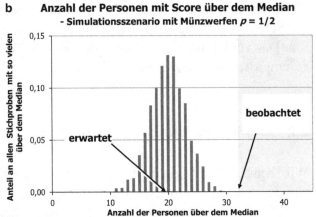

Abb. 2 Potentielle Ergebnisse modelliert durch die Binomialverteilung (**a**) – Simulierte Ergebnisse (**b**) – immer unter der Annahme des Münzwerfens, das den „Zufall" als Vergleich verkörpert

Dies ist ein so deutlicher Hinweis, dass wir als Gruppe besser sind, dass es eigentlich keiner weiteren Verfeinerungen der Methode bedarf.

Modellieren der Bedingungen der magischen 7 – Von Gesetzen zu einer Verteilung „Was kann man unter dem Gesetz der magischen 7 erwarten?" Mit dieser Frage begeben wir uns ins Reich der Hypothesen. Die Hypothese hinter der magischen 7 ist eine über die Kapazität, sich Worte zu merken. Wir könnten diese Kapazität als *Zufallsvariable* mit einer Normalverteilung modellieren (obwohl sie eigentlich eine diskrete Variable ist) und die Frage dann mit dem so genannten t-Test beantworten.

Stattdessen vereinfachen wir die Situation. Wenn wir die 7 als Median unserer zufälligen Kapazitätsvariablen betrachten, so kann eine Testperson darüber oder darunter liegen. Wir lassen gleich alle Personen weg, deren Wert mit 7 übereinstimmt, weil sie ja sowieso nichts zur Klärung unserer Frage beitragen.

Für den Vergleich unserer Gruppe mit dem „Gesetz der 7" ist nun folgende Annahme grundlegend: Können wir unsere Gruppe als zufällige Stichprobe der theoretischen Kapazitätsvariablen auffassen, wobei der Median dieser Zufallsvariablen 7 beträgt? Wenn das zutrifft, so erfüllen die Daten über (1) bzw. unter dem Median (0) die Anforderungen einer Bernoulli-Kette mit $p = 1/2$,

d. h., wir haben unabhängige Wiederholungen eines dichotomen Experiments. Diese Bedingungen stellt man leicht durch Münzwerfen mit einer fairen Münze dar.

Umsetzen des Modells, um Schranken für „zulässige" Variation zu bestimmen Um die Frage „Sind wir besser als die magische 7?" zu beantworten, modellieren wir unsere Daten, *als ob* sie unter den Bedingungen des Münzwerfens entstanden wären. Auf der Basis des Modells der Binomialverteilung mit $p = 1/2$ kann man präzisieren, was man von einer Gruppe, die sich gemäß dem Gesetz der magischen 7 verhaltet, erwarten kann.

Es zeigt sich, dass es viel stärker überzeugt, die Wahrscheinlichkeit „in Aktion" zu zeigen, indem man die Bedingungen des Modells *simuliert*. Wir simulieren erst 39 Daten und bestimmen die Anzahl über (und unter dem Median. Und dann wiederholen wir das Szenario sehr oft (Abb. 2b). Bei 3000 Wiederholungen hat sich kein einziges Mal ein so extrem gutes Ergebnis gezeigt, wie es unsere Gruppe hatte.

Aus der Binomialverteilung berechnet man eine Wahrscheinlichkeit von $4 \cdot 10^{-5}$ (Abb. 2a). Man kann mit *einer* Gruppe mit einem (mindestens) so guten Ergebnis rechnen, wenn man 30.000 vergleichbare Gruppen in einem Experiment testet.

Wir bekommen den Eindruck, dass die Bedingungen des Modells (des Münzwerfens) verletzt sind. Natürlich ist ein so ungewöhnliches Ergebnis (logisch) nicht auszuschließen, aber es legt nahe, dass es besser ist, zu *entscheiden*, dass unsere Gruppe *signifikant* mehr als 7 Worte korrekt abruft.

Die Methode ist als Vorzeichentest bekannt, weil jeder Wert – je nachdem, ob er größer oder kleiner als der Median ist – ein positives oder negatives Vorzeichen bekommt. Werte, die mit dem Median übereinstimmen, heißen Bindungen und werden oft einfach weggelassen; das haben wir ja auch getan.

2.4 Epilog

Ein kleiner Schwenk fehlt noch zur Verallgemeinerung der Vorgangsweise und man hat die Logik des Signifikanztests am Tablett (siehe Borovcnik und Kapadia 2012).

Es ist ganz wesentlich, das gefundene signifikante Ergebnis im Kontext abzusichern. Wenn Ergebnisse signifikant von Hypothesen (allgemeinen Vergleichsgruppen) abweichen, wird das häufig dahingehend missverstanden, dass „etwas" bewiesen ist. Nein, ein signifikantes Ergebnis ist nur Anlass, darüber nachzudenken, warum unsere Gruppe besser ist. Das erfordert Kenntnisse aus dem Kontext. Deswegen ist uns die Bindung der Einführung der allgemeinen Methode an den Kontext auch so wichtig.

Die Lehrer sind nicht nur Multiplikatoren, die neues Wissen auf ihren Schulen verbreiten. Sie waren auch noch inmitten der Sommerferien auf einem Seminar. Es scheint so, also ob sie tatsächlich gut trainiert sind, neuen Stoff zu memorieren. Eine Übertragung auf alle irischen Lehrer ist durch diese Überlegung aber ausgeschlossen, wenngleich es auf einen Versuch ankäme.

Signifikanztests stellen in diesem Sinn einen Filter dar, um im Prozess der empirischen Erkenntnisgewinnung solche Hypothesen herauszufiltern, über die es sich lohnt, vom Kontext her mehr nachzudenken, um Erklärungen dafür zu finden.

3 Statistisches Denken und empirischer Forschungsprozess

In diesem Kapitel erörtern wir, wie man stochastisches Denken auffassen kann. Wir bringen statistisches Denken auch mit dem Prozess der empirischen Forschung zusammen: Wie muss man denken, damit man aus empirischen Untersuchungen Erkenntnisse ziehen kann, die man als evidenzbasiertes Wissen nach innen (innerhalb der Disziplin) und nach außen (in die Gesellschaft) vertreten kann. Wir beschreiben die wesentlichen Merkmale einer Systemanalyse, welche die Aussagekraft der zu erwartenden Ergebnisse sichern soll.

Dazu analysieren wir das Experiment zum Kurzzeitgedächtnis unter systemanalytischen Gesichtspunkten und werten die Daten entsprechend aus. Es wird sich zeigen, dass sich insbesondere die Zeit, wann ein Item präsentiert wird, auf den Erfolg (ob die Leute diese Items korrekt aus dem Gedächtnis abrufen können) auswirkt. Daneben gibt es aber unterschiedliche Strategien, wie Männer und Frauen sich im Experiment orientieren. Der Status der neuen Erkenntnisse ist am besten mit gesetzesähnlichen Regelmäßigkeiten zu umschreiben.

3.1 Stochastisches Denken

Das ist ein altes Schlagwort, welches immer wieder in der Begründung auftaucht, warum man denn Wahrscheinlichkeitsrechnung und Statistik unterrichten soll. Wir wollen über einen vernünftigen Umgang mit einschlägigen Modellen hinausgehen. Stochastisches Denken ist also mehr als einfach Anwenden stochastischer Modelle auf reale (oder artifizielle) Situationen.

Es hat auch etwas mit einem Denken zu tun, das über die Mathematik hinausweist. Es soll hier auch die Ebene der intuitiven Vorstellungen abdecken. Es geht uns hierbei um einen Kurzschluss (im positiven Sinn) zwischen Begriffen und Modellen auf der einen und der Situation auf der anderen Seite. Kurz geschlossen werden die vielfältigen mathematischen Beziehungen, die man vielleicht nicht alle vollständig erfasst hat, von denen man aber eine „Ahnung" hat. So mag sich Fischbein (1975) die sekundären Intuitionen vorgestellt haben, die sich aus der mathematischen Durchdringung der primären Intuitionen ergeben.

Wir werden gemäß der Trias der Stochastik mit beschreibender Statistik – Wahrscheinlichkeitsrechnung – beurteilende Statistik drei verschiedene Formen ansprechen: Statistische Literalität (statistical literacy), probabilistisches und statistisches Denken.

- Statistische Literalität mag dabei (restriktiv) der beschreibenden Statistik zugeordnet sein und so etwas wie die Fähigkeit bedeuten, Daten auf einem höheren Niveau zu lesen (über Kennziffern und Diagramme).
- Probabilistisches Denken (siehe Abschn. 5) wird mit einem vernünftigen Umgang mit Wahrscheinlichkeit und einschlägigen Modellen in Zusammenhang gebracht. Als Form des *Denkens* sollte es aber über die „rechte" Handhabung von Modellen hinausweisen: es hat etwas damit zu tun, dass wir eine intuitiv begründete Gewandtheit mit den mathematischen Begriffen erreichen, welche nicht ganz oder nicht immer ausschließlich auf die vollständige Kenntnis der mathematischen Ebene gerichtet ist.
- Statistisches Denken kann analog verstanden sein. Dazu gehört, wie man absichert, wann ein beobachtetes Ergebnis als signifikant einzustufen ist und was signifikant bedeutet. Davon war in Abschn. 2 bei der Entwicklung der Logik des Signifikanztests die Rede.

Wir wollen diese Auffassung von statistischem Denken erweitern; dazu greifen wir eine Idee von Wild und Pfannkuch (1997) auf, welche die statistische Inferenz aus der engen Bindung an Signifikanz lösen und in den Prozess der empirischen Erkenntnisgewinnung einbetten lässt. Wie muss ein Experiment angelegt sein, damit man die Chancen erhöht, daraus Ergebnisse zu bekommen, die einerseits vom Kontext her interessant genug sind und die als neue Erkenntnisse gelten können – die also im Sinne beurteilender Statistik signifikant, d. h., „statistisch abgesichert" sind.

3.2 Systemanalyse als Angelpunkt eines empirischen Projekts

Der zweite statistische Ansatz ist mit der Suche nach potentiellen Einflussfaktoren verbunden. Dies führt uns in die Systemanalyse; das ist eine systematische Aufbereitung und Modellierung des Kontexts und der Fragestellung.

Systemanalyse oder Modellbildung Was ist die Zielvariable? Welche Faktoren könnten die Werte der Zielvariablen beeinflussen? Welches Skalenniveau haben diese Merkmale? Können wir sie zuverlässig messen? Wie können wir die Ergebnisse unseres Projekts verallgemeinern?

Eine systemische Erfassung der potentiellen Zusammenhänge muss *vor* dem eigentlichen Experiment, das uns die Daten liefert, erfolgen. Die Daten müssen unter dem Gesichtspunkt der anstehenden „Forschungsfrage" erhoben werden. Wie messen wir die Zielvariable? Ist die Zahl der wiedergegebenen Items ein zuverlässiges Maß der Merkfähigkeit? Wann hat die „Messung" zu erfolgen, damit sie aussagekräftig ist?

Welche Faktoren beeinflussen die Zielvariable (die Merkfähigkeit in unserem Beispiel)? Über diese Merkmale müssen wir dann auch Daten sammeln, sonst können wir den Einfluss nicht untersuchen. Neben den direkten Einflussfaktoren gibt es so genannte Co-Faktoren (Drittvariable), welche den Einfluss verändern. Solche Merkmale lassen den einen Faktor auf Untergruppen (die durch Werte der Drittvariablen entstehen) anders wirken.

Wenn man Daten über potentielle Störgrößen hat, so kann man deren Einfluss später sogar herausrechnen. Wenn man aber einen Co-Faktor übersehen hat, so kann man – sollte in der Analyse der Daten eine Ahnung auftauchen, dass gewisse Ergebnisse zufolge eines Co-Faktors anders ausfallen als erwartet – die Ergebnisse nicht mehr korrigieren. Sie können daher kaum verallgemeinert werden (weil der Verdacht ja bleibt) oder müssen in späteren Studien allenfalls berichtigt werden. Solche Drittvariable (über die man keinerlei Daten verfügt) heißen im Jargon auch Confounder.

Im Gedächtnistest etwa könnten wir trotz aller Signifikanz das Ergebnis vergessen, wenn etwa folgende Confounder wirksam gewesen sind: Die Worte hängen zusammen, was die Aufgabe des Merkens erheblich erleichtert. (Einige) Testpersonen wussten die Worte schon vorher. Die Testpersonen haben voneinander abgeschaut. Die Interpretation von Exzellenz wäre dann fehl, weil die eigentliche Leistung durch die Confounder mitverursacht wäre. Es gilt, Störgrößen systematisch zu erfassen und entweder Daten dazu aufzuzeichnen oder das Experiment so zu kontrollieren, dass gesichert ist, dass sie ausbleiben.

Die Faktoren im Gedächtnisexperiment Zielgröße ist die Leistung im Merkfähigkeitstest. Wir wollen sie mit dem Score der richtig wiedergegebenen Worte unmittelbar nach dem Vorführen der Worte messen.

Wir benennen summarisch einige wichtige Einflussgrößen. Normalerweise ist dieser Prozess in der Praxis besonders vage und muss dazu noch unter Einschränkungen von Zeit und Geld ablaufen:

Die Personen Alter, Geschlecht, Bildung, Erfahrung mit Mnemotechniken, Vertrautheit mit Memorieren.

Items Einzelne Items haben einen Kontext (sind lustig, mögen „grausliche" Assoziationen hervorrufen etc.), sind lang oder kurz, mögen fremd wirken (Fremdworte); auch wenn es so nicht beabsichtigt ist, mögen die Worte zusammenhängen. Die zeitliche Reihenfolge mag wichtig sein.

Testsituation Einige mögen die Situation ernst nehmen, andere sind wenig interessiert, was beliebige Antworten hervorrufen kann. Die Tageszeit, das Medium, wie man die Worte präsentiert (auditiv oder visuell) können eine Rolle spielen.

Wechselweise Abhängigkeiten Zeit und Kontext können einander beeinflussen oder auf verschiedene Personen (weiblich, männlich) unterschiedlich wirken.

3.3 Analyse der Wirkung einzelner Faktoren auf die Zielgröße Erfolg

Wir analysieren den Einfluss des Kontexts, der Zeit und des Geschlechts auf den Erfolg im Merkfähigkeitsexperiment. Weil der Zeitpunkt der Präsentation keinen linearen Einfluss auf die Erfolgsraten hat, führen wir als weitere Variable die Tiefe der Präsentation ein. Ziel ist es, die gefundenen Einflüsse durch einfache Beziehungen zu beschreiben.

Beeinflusst der Kontext der Worte den Erfolg beim Abrufen aus dem Gedächtnis? Für eine qualitative Variable gibt eine Rangliste einen ersten Überblick (Abb. 3). Danach hat Kontext der Worte einen Einfluss, denn die Scores schwanken beträchtlich.

Die Worte *rigging*, *ear* und *octopus* führen die Liste an; *seed* und besonders *legend* sind weit abgeschlagen. *Octopus* könnte man noch oben erwarten; für die anderen Worte ist ihr Einfluss weniger klar. Der mittlere Teil erstreckt sich über einen Bereich von 36 bis 65 % ohne sichtbare Gruppierung.

Ja, Kontext spielt eine Rolle, aber das Muster ist zu vielfältig, um daraus weitergehende Schlüsse zu ziehen. Das mag gleichzeitig ein Hinweis sein, dass die Worte doch ziemlich neutral und unabhängig gewählt worden sind, was den Test ja eigentlich zuverlässiger machen würde.

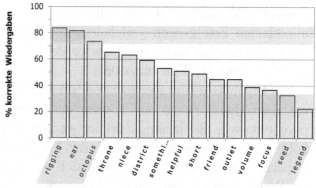
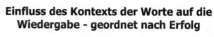

Einfluss des Kontexts der Worte auf die Wiedergabe - geordnet nach Erfolg

Abb. 3 Rangliste der Worte nach Erfolg – extreme Werte und Spielraum hervorgehoben

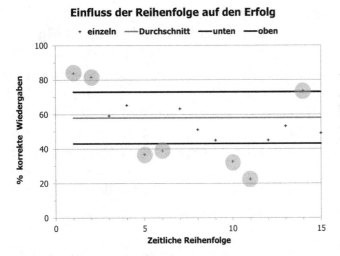

Abb. 4 Erfolgsrate abhängig von der zeitlichen Präsentation – extreme Werte markiert

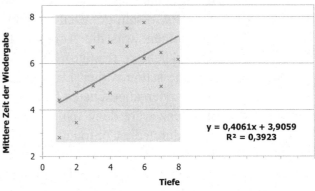

Abb. 5 Einfluss der Tiefe auf die Zeit des Abrufens – standardisierte Punktwolke

Zeitpunkt der Präsentation beeinflusst den Erfolg beim Abrufen aus dem Gedächtnis Es entspricht dem Hausverstand, dass der Zeitpunkt, wann die Items präsentiert wurden, den Erfolg beim Abrufen aus dem Gedächtnis beeinflusst. Man konnte im Seminar mitverfolgen, wie sich die Teilnehmer von Anfang an ins Zeug legten und die bereits gesehenen Worte memorierten. Der letzte Eindruck zählt, wie man so sagt; daher sollten auch die letzten Worte bessere Chancen haben. Das macht es plausibel, den Einfluss von Zeit (der zeitlichen Anordnung der Items), aber auch der Tiefe eines Worts (minimaler Abstand von Anfang und Ende der Präsentation) auf den Erfolg der Wiedergabe zu untersuchen.

Die Darstellung der Erfolgsrate in Abhängigkeit von der Zeit (Abb. 4) zeigt erwartungsgemäß ein deutliches Muster; dabei sind mittlere Zeitpunkte mit kleinen Erfolgsraten verbunden. Die Punktwolke zeigt auch, dass es sinnvoll wäre, den Erfolg gegen die Variable Tiefe darzustellen.

Die Ergebnisse sind aber nicht nur im Einklang mit dem Hausverstand, sie können auch durch psychologische Beziehungen erklärt werden. Die hohe Anfangskonzentration wird zur Mitte des Experiments hin abfallen, während sich die letzten Worte noch im Gedächtnis abheben, wenn die Teilnehmer die Worte niederschreiben.

Hat der Zeitpunkt der Präsentation einen Einfluss auf die Reihenfolge des Abrufens? Memorieren die Teilnehmer die Worte in der Reihenfolge, in der sie präsentiert werden und – als Folge davon – rufen sie diese in dieser Reihenfolge aus dem Gedächtnis ab? Die zeitliche Reihenfolge des Abrufens wurde aus dem Arbeitsblatt rekonstruiert.

Wir nehmen als unabhängiges Merkmal die Tiefe der Darbietung und als abhängiges den Zeitpunkt der Wiedergabe. In der Punktwolke sieht man ein deutliches Muster der Gleichsinnigkeit; dies wird durch eine Korrelation von 0,63 bestätigt (Abb. 5).

Um die Korrelation aus Punktwolken ablesen zu können, ist es wesentlich, die Achsen zu skalieren, sodass die Punkte in etwa innerhalb eines Quadrats zu liegen kommen. (Tatsächlich kann man den graphischen Eindruck durch Skalieren der Achsen beliebig manipulieren.)

Weitere Einflussfaktoren Auf den Arbeitsblättern war eine beliebige dreigliedrige Kennzahl einzutragen. Kann man deren Eigenschaften mit dem Erfolg in Verbindung bringen? Die Korrelation der ersten Ziffer mit dem Score ist mäßig; auch die Punktwolke zeigt kein Muster. Interessanter ist, dass die Eigenschaft Primzahl einen kleinen, aber nicht-signifikanten Einfluss hat. Das erspart uns, nachzudenken, wie und wieso eine Präferenz

a **Rangfolge der Worte nach der Differenz im Erfolg zwischen Frauen und Männern**

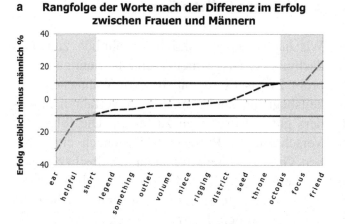

b **Differenz im Erfolg zwischen Frauen und Männern nach Worten in zeitlicher Folge**

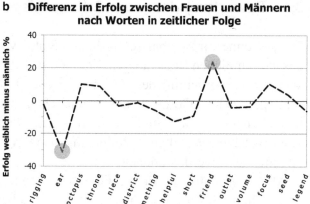

Abb. 6 Geschlechtsunterschiede – nach Größe der Differenz in den Erfolgsraten (**a**) und nach Worten in zeitlicher Reihenfolge (**b**)

für Primzahlen mit der Erfahrung oder der Fähigkeit, sich Worte zu merken, zusammenhängt.

3.4 Interaktionen zwischen Faktoren

Geschlecht verändert, wie andere Faktoren den Erfolg beim Abrufen beeinflussen Zunächst untersuchen wir den Unterschied im Erfolg nach Geschlecht. Mit den verfügbaren Daten (25 Frauen; 18 Männer; von 3 Personen konnte die Angabe zum Geschlecht nicht rekonstruiert werden) haben wir eine mittlere Anzahl von korrekt wieder gegebenen Worten von 9,25 und 8,06; der Unterschied von 1,19 Items zugunsten der Frauen ist aber nicht signifikant ($t = 1{,}54$).

Berücksichtigt man die fehlenden Daten (6 weibliche und 1 männlicher Teilnehmer hatten in diesem Teil das Arbeitsblatt leer) und untersucht einen worst case, so bricht der Unterschied auf 0,36 Items zusammen. Damit haben wir nicht nur ein Ergebnis, das nach den Regeln der Kunst empirischer Forschung nicht abgesichert ist (ist nicht signifikant), es scheint auch sachlich kaum relevant zu sein; der Unterschied entspricht knapp 4 % der durchschnittlichen Leistung.

Es gibt mehr zu Geschlechtsunterschieden zu sagen. Wirkt sich der Kontext unterschiedlich auf Männer und Frauen aus? Welche Worte hatten den größten Unterschied im Erfolg der beiden Grup-

pen? Wirkt sich die Zeit der Platzierung der Worte unterschiedlich aus? Kann dieser Einfluss durch den Kontext der Worte verändert (verschleiert) werden?

Das Ranking der Worte nach der Differenz im Erfolg (weiblich minus männlich; Abb. 6a) zeigt, wo die Geschlechter *im Vergleich zueinander* besonders gut oder schlecht abgeschnitten haben: größter Vorsprung bei Männern bei den Worten (*ear*, *helpful*, *short*); größter Vorsprung der Frauen bei (*friend*, *focus*, *octopus*).

Ob diese Differenz durch die Bedeutung der Worte (Kontext) oder durch die zeitliche Reihenfolge bedingt ist, kann man anhand der Abb. 6b untersuchen; diese deutet an, dass Frauen am Beginn weniger Erfolg hatten (Tiefe 2, *ear*) und in der Mitte erfolgreicher waren (Tiefe 7, *friend*).

Ergebnis der Untersuchungen der wechselweisen Abhängigkeiten als Hypothese Männer und Frauen verfolgen beim Memorieren von Worten verschiedene Strategien, welche sich unterschiedlich an Zeit und Kontext orientieren: Männer verhalten sich im Experiment eher sequentiell, Frauen sind stärker am Kontext der Worte ausgerichtet.

Weitere, zielgerichtete Untersuchungen hierzu könnten das Verhalten der Testpersonen – äußerlich – aufzeichnen oder durch strategisches Variieren von Kontext und Position der im Experiment verwendeten Worte zu erforschen suchen.

3.5 Bewertung der neuen Erkenntnisse

Die gewonnenen Ergebnisse haben den Status von gesetzesähnlichen Beziehungen. Ehrenberg (1981) sieht es als vornehmliches Ziel empirischer Forschung, solche „Gesetze" aus empirischen Untersuchungen herauszufiltern und zu untersuchen, unter welchen zusätzlichen Bedingungen sie „verallgemeinert" werden können.

Allerdings müssen wir die Gültigkeit sowieso auch schon wieder einschränken, denn wir haben ja mehrfache Tests angewendet; dabei ist es normal, dass dann einige Besonderheiten zu erkennen sind. Wir müssten – zur Korrektur – einen strengeren Maßstab anwenden, ab wann wir ein Ergebnis als signifikant anerkennen. Wir haben aber noch einen zweiten methodisch angreifbaren Umstand: wir haben uns durch Zwischenergebnisse zu weiteren Analysen anregen lassen. Eigentlich sollten wir schon vor der Erhebung einen Plan haben, was alles zu untersuchen ist.

Viele Ergebnisse empirischer Forschung haben keinen größeren Anspruch auf Verallgemeinerung als unsere. Replikation wäre ein magischer Schlüssel, um die Beziehungen zu erhärten oder als isolierte Phänomene zu erkennen. Allerdings werden Replikationen eher selten durchgeführt.

Der Ansatz, Ergebnisse durch Replikation abzusichern, würde auch mit der Logik der Forschung von Popper (1935) in Einklang stehen. Daher sollten wir besser von Hypothesen sprechen, die sich aus unseren Untersuchungen ergeben. Diese warten darauf, dass sie durch weitere Forschung erhärtet werden. Das ist die eigentliche Aufgabe und Ausrichtung empirischer Forschung, welche evidenzbasiertes Wissen anhäuft.

Die abschließende Diskussion der Ergebnisse der Statistiker mit den Experten aus dem Kontext sollte noch folgende wesentliche Punkte umfassen: Evaluation der Ergebnisse im Kontext, Integration der Beziehungen in ein theoretisches Wissensgebäude, Erörterung von möglichen Widersprüchen der Ergebnisse mit langfristiger Erfahrung sowie eine Synopse von Fragen, welche durch das neue Wissen entstanden sind.

4 Weitere Fallstudien

Wir haben andere Aktivitäten ähnlich zum Gedächtnistest ausgearbeitet und in Seminaren erprobt. Ziel ist es, Eigenheiten von Wahrscheinlichkeitsbegriffen und statistischen Verfahren besonders gut hervorstechen zu lassen. Die folgenden Vorschläge für Projekte weisen auch einen hohen Grad an Interaktivität und Selbstbezug auf, aus dem sich ‚drängende' Fragen ergeben, auf denen man Hypothesen aufbauen kann, welche dann durch die weitere Bearbeitung geklärt werden sollen. Wir beschreiben einige der Aktivitäten kurz und verweisen auf Quellen für mehr Details.

Spaghetti brechen ist ein Experiment mit einem verblüffenden Ergebnis, da die relativen Häufigkeiten völlig von einer naiven Modellwahrscheinlichkeit abweichen, was anzeigt, dass etwas falsch gelaufen sein muss. Es führt direkt in grundsätzliche Diskussionen über die Frage „Was ist Zufall?" und zeigt, dass naives Verhalten ohne jegliche Absicht oder Präferenz gar nichts mit Zufall gemeinsam haben muss.

Personen zu bitten, eine beliebige Codezahl mit drei Ziffern zu notieren, ist Ausgangspunkt einer „Studie" zu Präferenzen für Zahlen. Die Ergebnisse zeigen, dass starke Präferenzen vorhanden sind, wobei Präferenz und zufällige Wahl in einer Art Gegensätzlichkeit stehen. Präferenz wird dann zuerkannt, wenn der Zufall als Erklärung „zu wenig Aussagekraft hat". Muster findet man immer, die Frage ist, ab wann man ein Muster als eine Präferenz anerkennen soll; mit anderen Worten, was meinen wir mit einem *signifikanten* empirischen Befund?

Der Placeboeffekt besagt, dass Menschen eine positive Wirkung (Heilung oder Nachlassen von Schmerzen) empfinden, wenn sie nur glauben, dass sie eine (vielversprechende) Therapie bekommen. Ein psychologischer Wirkmechanismus hilft heilen? In diesem Experiment erklären wir das wohlbekannte Phänomen durch ein einfaches probabilistisches Arrangement, welches im Gegensatz zu einem psychologischen Gesetz nur auf den reinen Zufall zurückgreift.

Modell	Richtmarke	Anteil Dreiecke	Daten						
				0,0	0,2	0,4	0,6	0,8	1,0
1	0,2500	0,2485							
2	0,3863	0,3804	0,7000					unser Experiment	
3	??	0,5751							

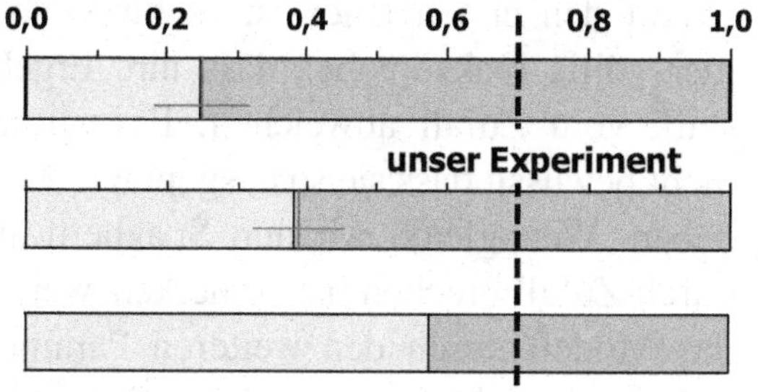

Abb. 7 Simulationsstudie zum Vergleich der Modelle – Streubreite der Simulation durch *Kreuzchen* für den Richtwert sichtbar gemacht; empirische Ergebnisse durch *gestrichelte Linie* markiert

4.1 Spaghetti brechen

Relative Häufigkeiten und Wahrscheinlichkeiten sind wie Zwillinge. Je mehr Daten man hat, umso näher liegen die beiden zusammen. Will man die Schätzung von Wahrscheinlichkeiten verbessern, nimmt man mehr Daten. Der Zusammenhang spiegelt sich im Bernoullischen Gesetz der großen Zahlen. Die stillschweigende Annahme dahinter ist, dass die Daten aus einer Zufallsstichprobe stammen, d. h., dass sie durch unabhängige identische Zufallsexperimente realisiert werden. Im folgenden Experiment liegen diese Werte so weit auseinander, dass man die Situation überdenken und neu modellieren muss. Übrig bleibt: Daten können wertlos sein, wenn sie Voraussetzungen verletzen.

Ein Experiment entwickeln Das folgende Experiment zum Brechen von Spaghetti (Kataoka et al. 2009) soll das Verständnis von Zufall klären. Wir brechen Spaghetti in drei Teile. Danach prüfen wir, ob wir mit den Teilen ein Dreieck bilden können oder nicht. Üblicherweise ergeben sich in den Gruppen mehr als 70 % Erfolgsraten. Die Teilnehmer bekommen je drei Spaghetti, die sie einfach (zufällig?) brechen sollen. Erst dann teilt man ihnen mit, dass sie damit ein Dreieck formen sollen.

Wenn wir die Spaghetti ohne Absicht brechen, sollten wir den Vorgang mit reinem Zufall modellieren können. Wir brauchen dazu zwei Zufallszahlen aus dem Einheitsintervall. Entweder legen die beiden Zahlen direkt die Längen der Bruchstücke fest (Modell 1) oder wir modellieren den Vorgang hierarchisch, erst das erste Teil zufällig brechen, dann einen Teil nehmen und wieder lig brechen (Modell 2). Die Modelle liefern Erfolgswahrscheinlichkeiten von 0,25 bzw. 0,3863 (für die Details siehe Borovcnik und Kapadia 2012).

Dass beide Werte so weit weg von den festgestellten Erfolgsraten sind, wirkt sich regelrecht wie ein Schock aus. Offensichtlich brechen die Teilnehmer die Spaghetti eben nicht zufällig.

Beim Versuch, das Verhalten besser zu modellieren, bemerken wir, dass wir beim zweiten Mal selten das kleinere Stück brechen; ferner ist keines der Teilstücke allzu klein, d. h., wir vermeiden es, zu kleine Anteile abzubrechen. Wir modifizieren Modell 2 und nehmen einen weiteren Parameter q (Mindestanteil beider Bruchstücke) ins Modell auf. Modell 3 legt q mit 1/10 fest. Abb. 7 zeigt die Ergebnisse einer Simulationsstudie für alle Modelle.

Hintergrund Zufall existiert nicht, hat de Finetti (1974) in seiner Fundierung des subjektivistischen Ansatzes festgestellt. Wir möchten ergänzen: Zufall ist nur eine Sicht auf die Welt. Daraus folgt, dass Wahrscheinlichkeit und abgeleitete Begriffe *Modell*einheiten sind. Natürlich gibt es eine starke Identifikation mit dem Zufall, wenn Situationen sich durch Fairness, Fehlen kausaler Einflüsse, Fehlen von Mustern etc. auszeichnen. Und wenn solche Situationen wiederholbar sind, bilden relative Häufigkeiten nicht nur eine tragende Interpretation sondern dienen auch zur Schätzung von Wahrscheinlichkeit. Die Schwierigkeit liegt jedoch im Detail: nicht immer sind die genauen Bedingungen wirklich klar, unter denen relative Häufigkeiten nützlich sind.

Auf den ersten Blick ist es für viele Teilnehmer völlig inakzeptabel, dass ihre Ergebnisse so stark vom Zufall abweichen. Es war ihnen gar nicht bewusst, dass sie so ausgeprägte Präferenzen haben. Wenngleich wir nun Spaghetti anders als durch Zufall brechen, ist bemerkenswert, dass wir das Modell durch den weiteren Parameter Mindestanteil doch ein ordentliches Stück verbessern können. Modell 3 mit $q = 1/10$ liegt mit knapp 60 % nicht mehr so weit weg von den Erfolgsraten von 70 %; mit 1/4 kommen wir noch näher hin, aber das scheint doch weniger plausibel zu sein.

Das Experiment ladet zum Nachdenken ein, dass augenscheinlich zufällige Prozesse gar nichts mit Zufall zu tun haben müssen. Will man relative Häufigkeiten zur Schätzung von Wahrscheinlichkeiten verwenden, so muss der Prozess des Entstehens der Daten gewissen Kriterien genügen (unabhängige, identische Zufallsexperimente). Viele Daten werden verwendet ohne jegliche Rechtfertigung. Die Parabel von „Stichprobe und repräsentativ" wird wie ein Mantra wiederholt, ohne die Voraussetzungen zu prüfen.

Zufall ist nur ein Baustein zum *Modellieren*. Sogar die Grundlagenphysiker sind gelegentlich sehr schlampig (im Gebrauch der Sprache?), wenn sie uns erzählen, dass sie mit der Urknalltheorie beweisen, dass der Ursprung des Universums zufällig ist.

Wir sollten die Liste, was Zufall ausmachen könnte, modifizieren: wir assoziieren mit Zufall gelegentlich „keinerlei Präferenzen" oder „keine Absicht" und erwarten in diesem Fall Gleichwahrscheinlichkeit. Da viele Leute überzeugt sind, dass sie die Spaghetti ohne Absicht oder Präferenzen brechen, glauben sie ganz stark, dass die Ergebnisse zufällig SIND (sogar gleichwahrscheinlich). Umso größer ihre Überraschung, wenn sie feststellen, dass ihre Ergebnisse so stark vom Zufall abweichen. Diesen kognitiven Konflikt kann man zur weiteren Klärung der Konzepte nutzen.

4.2 Präferenzen für Zahlen

In der Fallstudie mit den Spaghetti war die Frage, ob Leute sich wie zufällig verhalten, wenn sie Spaghetti brechen. Hier geht es um die Frage, ob wir beim Auswählen von Zahlen psychologischen Mustern – Präferenzen – folgen oder ob wir unser Verhalten durch reinen Zufall erklären können. Immer interessant ist, ob Drittvariable wie Geschlecht einen Einfluss haben.

Hintergrund Wählen Menschen Zahlen willkürlich oder haben sie Präferenzen? Wir werden willkürlich als „ohne Absicht" durch reinen Zufall modellieren. Wir könnten Teilnehmer auffordern, Zahlen so zufällig wie möglich zu wählen. Bekannt ist, dass sie längere Runs von gleichlautenden Zahlen sowie deutliche Muster vermeiden. Wir schlagen eine offenere Aktivität vor und fragen simpel nach einer Codezahl aus drei Ziffern.

Einige Ergebnisse Wir beziehen uns auf Daten aus dem Seminar in Limerick (Abb. 8). Die Zahlen der Frauen streuen über die gesamte Spannweite, Männer bevorzugen die Außenbereiche. Für einzelne Ziffern gibt es bei Frauen eine Präferenz für 1 und 3, mit 48 % für 1 3 7 als Gruppe; Männer wählen bevorzugt die 7, wobei 80 % auf die Gruppe 7 3 1 (in dieser Reihenfolge der Häufigkeit) fallen. Für die einzelnen Positionen (erste, zweite, dritte) sind die Ergebnisse ähnlich. Nur die 4 in der zweiten und die 5 in der dritten Position ist bei Frauen stärker vertreten.

Ähnlich wie im Gedächtnistest kann man die Daten auf Signifikanz prüfen. Wir vergleichen zwei gegensätzliche Hypothesen: rein zufällige Auswahl aus dem Bereich von 000 bis 999 (*Null*hypothese) gegen ausgeprägte Präferenzen. Wir geben dabei den p-Wert an, das ist die Wahrscheinlichkeit, dass man mindestens so „extreme" Daten beobachtet, wenn die Nullhypothese zutrifft: Primziffern ($p = 10^{-4}$), 1 3 7 ($p = 10^{-6}$), 7 ($p = 0{,}02$), Primzahlen (als Eigenschaft der Codezahl, $p = 0{,}02$).

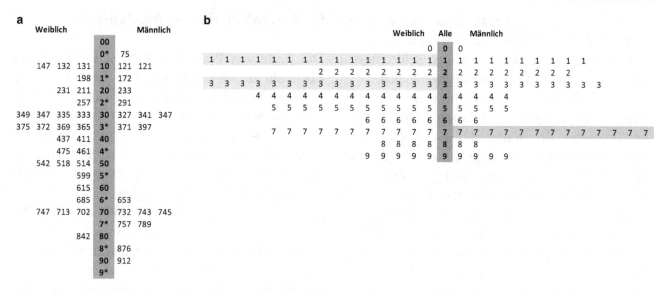

Abb. 8 Präferenzen für die Codezahlen nach Geschlecht getrennt – **a** alle 3 Ziffern; **b** einzelne Ziffern

Caveat Wir haben Tests mehrfach angewendet; die Analyse war auch durch Zwischenresultate angeregt. Das ist methodisch fragwürdig. Viele Ergebnisse empirischer Forschung sind allerdings so zustande gekommen und haben keinen besseren Anspruch auf Verallgemeinerung als unsere Präferenzstudie.

Auch hier wäre Replikation angebracht, um Artefakte von Evidenz zu trennen. Hypothesen, die sich in wiederholten Studien bewähren, gewinnen an Glaubwürdigkeit.

4.3 Placeboeffekt und das Phänomen der „Regression zur Mitte"

Der Placeboeffekt ist ein anerkannter psychologischer Wirkmechanismus. Allein die Erwartungshaltung hat messbare Folgen, auch wenn überhaupt keine Einflussnahme erfolgt. Regression zur Mitte ist ein Phänomen, wonach die Besten in einem „Bewerb" bei Wiederholung zwar noch immer über der Mitte liegen, aber näher zum Zentrum rücken. Beide Phänomene kann man durch Vergleich mit einem Zufallsexperiment als Artefakt bezeichnen.

Hintergrund Allein die Erwartung, eine medizinische Therapie oder Intervention zu erhalten, hat einen messbaren Heilungseffekt. Empirische Studien zum Nachweis der Wirksamkeit eines neuen Medikaments oder einer Therapie müssen sich als besser als Placebo erweisen. Placebo ist eine Substanz, die äußerlich dem Testmedikament (Verum) gleicht, aber keine medizinische Wirksubstanz enthält. Placebo wird unter exakt denselben Bedingungen verabreicht wie Verum. In medizinischen Studien sind Teilnehmer und behandelnde Ärzte verblindet; niemand weiß, was verabreicht wird. Zusätzlich werden die Teilnehmer zufällig einer der Gruppen Placebo (Kontrolle) oder Verum (Behandlung) zugeordnet.

Das hat sich zum goldenen Standard in der medizinischen Statistik herausgebildet, um zu garantieren, dass die Personen in beiden Gruppen möglichst ähnlich sind und dass ihre Erwartungen keinerlei Einfluss auf die messbare Wirkung haben. Das Design erlaubt es, die unterschiedliche Wirkung allein als Folge der Behandlung zu interpretieren. Die Daten werden ähnlich wie im Gedächtnisexperiment verwendet, um die Frage zu beantworten: „Ist Verum – signifikant – besser als Placebo?"

Regression zur Mitte ist ein weiteres „Gesetz". Wir geben ein Beispiel: Wenn statistische Einheiten unter zwei Bedingungen beobachtet werden – etwa vor und nach einer Unterrichtseinheit – so werden die besten vorher zum Mittel „zurückschreiten", d. h., ihre Leistung nachher wird weniger weit vom Mittelwert entfernt sein als zuvor. Für diejenigen, die vorher zu den schlechtesten zählten, liegen die Verhältnisse gegengleich.

Historisch ist das Beispiel mit den Vätern und Söhnen berühmt geworden. Damit wollten Galton und Pearson in der zweiten Hälfte des 19. Jahrhunderts in einem groß angelegten Forschungsvorhaben die Vererblichkeit von Intelligenz zeigen. Da die Konstrukte zur Messung von Intelligenz erst später entwickelt wurden, versuchten die Forscher, die Vererblichkeit mit direkt messbaren Merkmalen wie der Körpergröße zu „beweisen". In Freedman et al. (2007), oder MacKenzie (1981) findet man mehr dazu. Väter, die zu den größten zählten, hatten nun Söhne, die noch immer über dem Mittelwert lagen, aber weniger extrem waren als ihre Väter. Dies wurde als Regression (Rückschreiten) bezeichnet. Die Kennziffer, welche den Grad der Erblichkeit messen sollte, wurde *Regressionskoeffizient* genannt.

Entwicklung eines Experiments Folgendes Experiment wurde von Dubben und Beck-Bornholdt (2010) vorgeschlagen: Wir werfen 42 Würfel ein erstes Mal und betrachten nur die extremen Ergebnisse 6 (Top) und 1 (Flop); nur mit diesen werfen wir ein zweites Mal. Ein einzelnes Doppelexperiment mag als Mittelwert 3,64 für Flops und 3,50 für Tops ergeben. Zufall! Die Flops sind im Durchschnitt sogar besser als die Tops. Wiederholen wir das Doppelexperiment oft, werden die Tops des ersten im Durchschnitt im zweiten schlechter während sich die Flops verbessern.

Damit ist die Regression als Verhalten bei stochastisch *unabhängigen* Experimenten erklärt – keine Rede von einem genetischen Gesetz. Für den Placeboeffekt merken wir an: Patienten gehen gerade dann zum Arzt, wenn es ihnen schlecht geht (Flop beim ersten Wurf) und es geht ihnen dann besser, egal was der Arzt verschreibt – das bessere Ergebnis beim unabhängigen zweiten Wurf.

5 Probabilistisches Modellieren

Die Rolle von Wahrscheinlichkeit innerhalb der Curricula zu stärken (Borovcnik 2011b) ist eine wichtige Forderung, weil man erst damit statistische Methoden verstehen kann. Die Kennziffern von statistischen Tests sind – indirekt – meist mit *bedingten* Wahrscheinlichkeiten verbunden. Mit dem Modellbildungsgedanken kann man Wahrscheinlichkeit sinnvoller gestalten.

Hier kommen in natürlicher Weise auch andere – subjektive – Interpretationen ins Spiel. Damit werden allzu enge Auffassungen von Wahrscheinlichkeit als relative Häufigkeit aufgebrochen und sowohl die Anwendungen als auch das Verständnis verbreitet. Die Bindung an empirische Häufigkeiten ist wohl in einer objektiven wissenschaftlichen Auffassung verankert. Aber, erstens ist jede Anwendung bis zu einem gewissen Grad subjektiv und zweitens wird durch die Bindung auch die Interpretation von Methoden der beurteilenden Statistik fragwürdig.

Wir beschreiben unseren Zugang zum probabilistischen Modellieren – Modelle sollen dazu beitragen, die Situation des Modelleurs zu *verbessern*. Wir werden unsere Vorstellung von genuin probabilistischem Modellieren entfalten und die Idee eines Szenarios dem Modell gegenüber stellen.

5.1 Innovative Ideen

Mechanisches Rechnen und Anwenden ist im Unterricht von Wahrscheinlichkeit weit verbreitet. Wahrscheinlichkeiten oder Erwartungswerte werden aus anderen ausgerechnet, gegeben eine bestimmte Verteilung oder die Unabhängigkeit. Wahrscheinlichkeiten können mehr. Mit diesem Begriff, oder besser, mit Modellen mit Wahrscheinlichkeiten kann man aus mehreren Optionen eine als besser auszeichnen als die anderen, wenn man bestimmte Kriterien für den „Erfolg" heranzieht.

Ein vertieftes Verständnis ist durch Modellbildung wohl leichter zu erreichen, bleibt aber noch immer schwierig genug.

Innovative Modellierungsbeispiele Wahrscheinlichkeit kann durch Modellbildung bereichert werden. Die Wahrscheinlichkeit für einen Sechser beim Würfeln ist eben nicht 1/6. Diese Aussage begründet man dann mit der Symmetrie des Würfels und der Laplaceschen Gleichwahrscheinlichkeit. Sie wird zum Kernpunkt einer ersten Definition von Wahrscheinlichkeit. Als ob Wahrscheinlichkeit eine messbare physikalische Eigenschaft des Würfels ist. So eine enge Bindung von Wahrscheinlichkeit an das Objekt macht es später dann so schwierig, verschiedene Wahrscheinlichkeiten für ein und dasselbe Objekt miteinander zu vergleichen. Wie denn auch? Der Wahrscheinlichkeit wurde ja schon oben „ontologischer" Charakter zugeordnet.

Warum nicht gleich von Beginn der Wahrscheinlichkeit an den Modellbildungsgedanken in den Vordergrund stellen. Kein Würfel ist symmetrisch; schon allein die Vertiefungen für die Augen zerstören die perfekte Symmetrie, von inhomogenem Material ganz zu schweigen. Entsprechend werden in Casinos die verwendeten Würfel oftmals ausgetauscht. Man kann doch von Anbeginn verschiedene Modelle vergleichen – auch für den Würfel. Wenn die Verletzung der Symmetrie gering ist, wird sich das Modell der Gleichwahrscheinlichkeit durchaus bewähren.

Also: Warum nicht die Wahrscheinlichkeit für den Sechser mit 1/6 *modellieren* und Gründe angeben, warum man dieses Modell verwendet? Es mag zu lange dauern, bis man die tatsächlichen Abweichungen erkennen kann; die tatsächlichen Wahrscheinlichkeiten mögen nur wenig anders sein, so dass sie sich auf unsere Spielentscheidungen kaum auswirken würden.

Mit einer solchen Einstellung zu Wahrscheinlichkeiten kann auch leichter damit fertig werden, wenn Wahrscheinlichkeiten als *fiktive* Zahlen verwendet werden, die keinerlei Anspruch erheben können, einem wirklichen Wert der Wahrscheinlichkeit nahe zu kommen. So etwas trifft speziell für Zuverlässigkeiten zu, welche oftmals durch Zahlen von ganz kleiner Größenordnung wie 10^{-10} oder noch viel kleiner repräsentiert werden. Bei der Messung und Beurteilung von Risiken ist es dasselbe. Wer hat jemals geeignete Daten vorgelegt, um die Prävalenz (die Verbreitung) von BSE zu messen? Oder, hat eine bestimmte Zahl als Wahrscheinlichkeit, dass eine Frau Brustkrebs hat, einen Sinn für genau die soeben untersuchte Frau?

Der Zweck der Modellbildung – auch mit Wahrscheinlichkeiten – ist es, in einer bestimmten Situation eine bessere Entscheidung zu treffen. Die Kriterien, welche es zu optimieren gilt, mögen Kosten sein, oder erwartete Lebensdauer, erwartete Wartezeit in einem System oder die Zuverlässigkeit eines technischen Geräts für einen bestimmten Einsatz.

Wesentlich für Modellbildung ist, dass man aus einer Bandbreite von Handlungen (oder Eingriffen) wählen kann. Das verwendete Modell mag vielleicht nicht perfekt passen – welches Modell passt denn schon völlig – aber man kann wenigstens prüfen, ob das Modell wesentliche *Eigenheiten* der Situation erfasst.

Wenn eine Lösung innerhalb des Modells gefunden wird, kann man nach kritischen Einflussgrößen (Parametern) suchen, welche die als optimal gekennzeichnete Entscheidung sehr stark beeinflussen. Man kann auch die Auswirkung einer Verletzung wesentlicher Annahmen untersuchen. Was ist, wenn eine andere Verteilung das Phänomen beschreibt? Was ist, wenn die Unabhängigkeit verletzt ist? Man kann dadurch wirklich kritische Einflussgrößen herausfiltern, über die man in der konkreten Situation mehr Information beschaffen muss oder die man besser steuern sollte etc.

Innovatives Modellbilden soll entsprechend zeigen, wie die Einbindung von Modellen auf der Basis von Wahrscheinlichkeiten helfen kann, eine Entscheidung transparenter zu treffen und nach bestimmten Kriterien zu optimieren. Beispiele dafür finden sich in Borovcnik und Kapadia (2011).

Szenarios anstelle von Modellen Die übliche Auffassung von Modell ist, dass dieses ein Bild der realen Situation darstellt, welches die Zusammenhänge zwischen den Objekten möglicht getreu wiedergeben soll. Und man kann das Modell verfeinern, damit es besser passt. Damit verbunden ist eine Skala, auf der man die Abweichung von Modell und realer Situation beurteilen kann. Das fehlt in der Wahrscheinlichkeitstheorie aus vielen Gründen.

Erstens basieren die Methoden zur Beurteilung, wie gut ein Wahrscheinlichkeitsmodell passt, wieder auf Wahrscheinlichkeiten. Sowohl Tests als auch Vertrauensintervalle werden durch Kennziffern beschrieben, welche bedingte Wahrscheinlichkeiten sind. Zusätzlich gelten sie nur unter der Annahme einer speziellen Verteilung (mit Ausnahme der verteilungsfreien Verfahren) und erfordern unabhängige Stichproben. Bei der Prüfung der Voraussetzung einer Verteilung befindet man sich buchstäblich in einer Falle: man hätte nämlich eine Nullhypothese zu bestätigen, was aber aus methodologischen Gründen eigentlich ausgeschlossen ist. Poppers (1935) die Idee der Bewährung von Hypothesen durch wiederholtes Testen erhärtet deren Glaubwürdigkeit, wenn sie in Replikationsstudien *nicht* abgelehnt werden können. Diese Glaubwürdigkeit ist ein *qualitatives* Argument und kann wohl durch *eine* Studie (Test) nicht wirklich hoch sein.

Zweitens muss der Test unter völlig identischen Bedingungen unabhängig wiederholt werden können, damit die bedingten Wahrscheinlichkeiten von Fehler 1. und 2. Art als relative Häufigkeiten deutbar werden. Die übliche Deutung der wesentlichen Eigenschaften von statistischen Tests entpuppt sich damit als façon de parler für wirkliche Anwendungen. Damit wird die Prüfung des Typs einer Verteilung durch einen Test mit relativen Häufigkeiten obsolet. In der subjektivistischen Interpretation von Wahrscheinlichkeit als Grad des Vertrauens können Modelle primär durch Plausibilitätsbetrachtungen überprüft werden – genau das machen Forscher eigentlich auch, wenn sie einen statistischen Test anwenden.

Drittens sind viele Situationen genuin singulär: *Einmal-Entscheidungen.* Wenn sie es nicht sind, so fassen zumindest die Akteure sie als Einzelentscheidungen auf. Damit sind unabhängig wiederholbare Experimente kein geeignetes Modell für die Situation.

Viertens gibt es alternative – auch nichtprobabilistische – Modelle, die etwa in Form von Differentialgleichungen formuliert werden mögen. Es gibt keine natürliche Priorität für stochastische Modelle.

Diese Überlegungen veranlassen uns, stochastische Modelle als Szenarios aufzufassen, welche eine Situation auf einer „was wäre, wenn"-Basis erforschen lassen. Man spielt das Szenario durch und analysiert die Folgen. Obwohl ein Szenario keine perfekte Beschreibung liefert, kann man Einsichten gewinnen und Entscheidungen begründen, die, wenn schon nicht optimal, so doch transparent werden. Man kann durch Sensitivitätsanalysen von Parametern kritische Größen für die Entscheidung herausfiltern. Eigenheiten von Szenarios und Beispiele findet man in Borovcnik (2009), Borovcnik (2006) oder Borovcnik und Kapadia (2011).

Die Häufigkeiten bestimmter Unfälle sind für eine Versicherung eine Basis für die Berechnung einer Police. Für den einzelnen Autofahrer sind dagegen die persönlichen Wahrscheinlichkeiten für einen Unfall entscheidend, ob er eine Kaskoversicherung abschließt oder nicht. Innerhalb von Szenarien kann man einen Bruchpunkt finden, damit man die schwierige Schätzung der Unfallwahrscheinlichkeit umgehen kann. Liegt man darunter, keine Versicherung, darüber ist es besser, eine abzuschließen.

Ein anderes Beispiel hat mit Zuverlässigkeit zu tun. Die Annahme der Unabhängigkeit des Ausfalls einzelner Komponenten in einem technischen System ist zweifelhaft und die Zahl, die man als Zuverlässigkeit ausweist, entspringt qualitativem Wissen von Ingenieuren. Obwohl das Szenario schlecht auf ein System passt, mag man etwa daraus ablesen, ob es besser ist, einzelne Komponenten (und welche) zu verdoppeln oder zwei Systeme aufzubauen.

5.2 Ideen, die Modellbilden fördern und unterstützen

Für Modellbilden ist schematisches Anwenden zu wenig. Man muss verschiedenste Modelle miteinander vergleichen. Man muss daher nach Wegen suchen, die Mathematik indirekt zu erschließen, damit man die Modelle entsprechend versteht.

Fundamentale Idee hinter Verteilungen Es geht um die Zusammenfassung der Voraussetzungen einer Wahrscheinlichkeitsverteilung in einer tragfähigen Idee, einer fundamentalen Idee, welche diese Verteilung (auch) verkörpert. Damit erhält man einen Einblick in die interne Struktur einer Verteilung, welche bei der Modellierung auch auf die reale Situation übertragen wird. Wenn diese Eigenschaften schlecht passen, wird man die Verteilung aus der anstehenden Modellierung weglassen.

Die Normalverteilung ist mit folgender Idee verbunden: Jede Verteilung, welche sich tatsächlich oder gedacht als Summe von Zufallsvariablen ergibt, kann durch eine Normalverteilung approximiert werden. Dies ist durch Verallgemeinerungen zum zentralen Grenzverteilungssatz gesichert.

Da Binomialverteilungen durch eine Summe von 0-1-Experimenten aufgebaut sind, kann man sie durch eine Normalverteilung approximieren, wenn die Zahl der Summanden groß genug ist. Auch Chi-Quadrat-Verteilungen folgen demselben Schema und sind entsprechend approximativ normal. Variable, welche aus einer zufälligen Stichprobe berechnet werden, um unbekannte Parameter zu schätzen, werden in natürlicher Weise als Summe über alle Einheiten der Stichprobe festgelegt, sodass es nicht verwunderlich ist, dass auch sie approximativ einer Normalverteilung folgen.

Andere Variable werden wiederum fiktiv auf die additive Überlagerung von vielen Einflüssen zurückgeführt. Diese Idee lag der Fehlertheorie zugrunde, wo man die Fehler von physikalischen Messungen auf die Überlagerung von Elementarfehlern zurückgeführt hat. Sogar biometrische Variable hat man sich so vorgestellt, dass sie ihren Wert durch viele andere Einflussgrößen, die einander additiv überlagern, erhalten. Man hat diese Hypothese dann auch durch globale Messungen überprüft. So ist der Mythos der Normalverteilung entstanden.

Ein weiteres Beispiel betrifft den Poisson-Prozess, welcher ein Bindeglied zwischen Poisson- und Exponentialverteilung bildet. Die Zusammenhänge sind ähnlich wie bei der Bernoulli-Kette, der unabhängigen Wiederholung eines 0-1-Experiments, wo die Anzahl der Erfolge bei n Versuchen einer Binomialverteilung, die Wartezeit auf den nächsten Erfolg einer geometrischen Verteilung folgt. Wie bei der geometrischen Verteilung gibt es auch bei der Exponentialverteilung die Eigenschaft der Gedächtnislosigkeit: danach ist die weitere Wartezeit unabhängig davon, wie lange man schon wartet.

Die mathematischen Details findet man etwa in Meyer (1970). Borovcnik und Kapadia (2011) haben an fundamentalen Ideen hinter Verteilungen gearbeitet. Eine solche Idee fasst sozusagen die Essenz der Eigenschaften einer Verteilung zusammen, welche sich aus ihren Voraussetzungen ergibt. Das erleichtert entsprechend die konkrete Modellbildung und bietet einen Schlüssel für das Verständnis von Situationen, welche mit dieser Verteilung modelliert werden.

Probabilistische Begriffe illustrieren Es gibt einige Ansätze, mathematische Begriffe besser darzustellen und sie enger mit der Art, wie Leute denken, zu verknüpfen, was natürlich auch ihre Verwendung im Modellbildungsprozess erleichtert. Gigerenzer (2002) bringt etwa Anzahlen statt Wahrscheinlichkeiten ins Spiel und sucht nach leicht fasslichen Verkörperungen von Begriffen. Lysø (2008) setzt bei der offenen Diskussion über persönliche Vorstellungen im Anfangsunterricht an der Universität an. Borovcnik und Peard (1996) schlagen Umformulierungen vor, welche – insbesondere im Zusammenhang mit der Bayes-Formel – besser an den Zweck angepasst sind. Fischbein (1975) würde die Vorhaben als Motor für sein Wechselspiel zwischen primären und sekundären Intuitionen auffassen, welches für ihn Verstehen charakterisiert.

Es geht nicht um mehr reine Mathematik zu lernen, damit man dann später in der Modellbildung besser weiter kommt. Sowieso sind die Curricula schon überfrachtet. Beim Modellbilden muss man sich ohnehin auf eine allgemeinere Art, mit mathematischen Modellen umzugehen, einstellen. Zu viel Mathematik würde man sonst brauchen, um Modellbildung sinnvoll zu gestalten. Es muss also Wege geben, die mathematischen Inhalte über andere Medien zu erschließen.

Für die Wahrscheinlichkeitsrechnung gibt es zwei Wege dazu: Simulation zeigt die Auswirkung von Hypothesen, indem man artifizielle Daten erzeugt, welche man dann analysieren kann. Visuelle Animation mag invariante Eigenheiten dynamisch erkennen lassen oder den Einfluss verschiedener Faktoren aufzeigen. Beispiele dazu findet man in Borovcnik (2011a).

Sie umfassen die üblichen zentralen Themen wie Gesetze der großen Zahlen mit der Divergenz der absoluten und der Konvergenz der relativen Häufigkeiten. Dabei werden Schnappschüsse nach bestimmten Zeiten (Stichprobenumfängen) gemacht und für diese Zeitpunkte wird die *Verteilung* der Häufigkeiten bei Durchführung vieler Serien untersucht. Es zeigt sich, dass die Verteilung der relativen Häufigkeiten bei 100 Experimenten um rund $\pm$ 10 % schwankt, während sich bei 1000 Versuchen diese Variation of 3 % reduziert. Die Konvergenz ergibt sich dann durch „Extrapolation".

Auch der zentrale Grenzverteilungssatz wird dort abgehandelt. Auch hier werden die wesentlichen Eigenheiten in Animationen gezeigt und die mathematischen Details ausgespart. So ist die Geschwindigkeit, mit der sich die Normalisierung ergibt, abhängig von der Symmetrie der Ausgangsverteilung sowie davon, wie „kompakt oder zerrissen" die Ausgangsverteilung ist. Beim Würfeln ist die Verteilung der Mittelwerte von 20 Würfen schon hervorragend durch eine Normalverteilung approximierbar.

6 Modellbilden – wozu die Begriffe nützlich sind

In diesem Beitrag haben wir das Feld psychologischer Forschung ausgenutzt, um wichtige Aspekte des Prozesses empirischer Forschung darzustellen. Wir sprechen abschließend die eigenartige Dualität von Gesetzmäßigkeiten und dem Zufall an, welche in empirischer Forschung zur tragenden Säule für Theorieentwicklung wird. Zu guter Letzt folgen noch ein paar Gedanken zur formativen Kraft von Modellbildung.

Magische 7 und andere Gesetze Psychologische Experimente sind eine wertvolle Quelle für den Unterricht. Aus diesen gewinnt man Beschreibungen des menschlichen Verhaltens, welche den Anspruch von allgemeinen Gesetzen haben. Die Spannung und das Interesse, das durch solche Gesetze ausgelöst wird, ist enorm.

Psychologen haben in ihren Experimenten zum Kurzzeitgedächtnis auch Musik (einzelne Noten), binäre Ziffern oder Buchstaben verwendet. Immer wieder taucht die 7 auf. Ist es wirklich wahr, dass wir uns nur 7 plus oder minus 2 Einheiten merken können? Telefonnummern bestehen üblicherweise aus 7 Ziffern, die abendländische Musik unterteilt die Tonleiter in 7 Intervalle, sogar die Likert-Skala zur Messung von Einstellungen verwendet (normalerweise) 7 Punkte. Gibt es ein archaisches Gesetz, das unser Potential, Items zu unterscheiden und sie im Gedächtnis zu behalten, einschränkt?

Andere Gesetzmäßigkeiten sprechen von 4 Informationseinheiten (Bachelder 2001); das mag sich auch in der Trennung von Telefonnummern in Gruppen von 4 und 3 Ziffern ausdrücken. Lernen ist immer auch damit verbunden, dass man Zusammenhänge (fiktive oder verborgene) „erfindet", um die Beschränkungen unseres Gedächtnisses zu umgehen. So etwa haben Spieler im weit verbreiteten Memory-Spiel einen Vorteil, wenn sie sich eine spannende Geschichte zwischen den Bildern auf den Karten ausdenken können.

Dualität von Gesetzen und Zufall Was macht eine Gesetzmäßigkeit aus? Gesetze werden in Abgrenzung zum Zufall anerkannt. Der Zufall verkörpert dabei eine Nullhypothese, d. h., kein Effekt, keine Präferenz etc. Wenn die Daten signifikante Abweichungen davon anzeigen, dann spricht man von der „Absicherung" einer Gesetzmäßigkeit. Diese Dualität zeigt authentisch, wie der Forschungsprozess evidenzbasiertes Wissen anhäuft.

Formative Kraft Blum (2012, S. 29) führt folgende Eigenheiten an, welche die Einbindung von Anwendungen und Modellbildung im Unterricht rechtfertigen:

- „Pragmatisch": um Situationen in der realen Welt zu verstehen, muss man Anwendungen und Modellbildung explizit behandeln.
- „Formativ": Kompetenzen können auch durch Modellbildungsaktivitäten verbessert werden.
- „Kulturell": Beziehungen zur realen Welt geben erst ein adäquates Bild der Mathematik.
- „Psychologisch": Beispiele aus der realen Welt heben das Interesse und motivieren und strukturieren mathematischen Inhalt.

Modellbildung und Simulation und die Interaktion zwischen diesen ist zentrales Thema in der didaktischen Diskussion, etwa in Chaput et al. (2011). Blum (2012) bringt auch die formative (begriffsbildende) Kraft von Modellbildung ins Spiel.

Modellbildung dient als Bindeglied zwischen Lernenden, der realen Situation und der Mathematik. Man versteht den Prozess der Modellbildung besser, die realen Situationen werden strukturiert, die mathematischen Begriffe bekommen einen Sinn, weil sie zu etwas *nützlich* sind. Das erfüllt Mathematik mit Leben. Wissenschaftliche Begriffe sind ja immer zu gewissen Zwecken entwickelt worden. Diese zu kennen, hilft, die Begriffe selbst zu verstehen.

Literatur

Bachelder, B.L.: The magical number 4 = 7: Span theory on capacity limitations. Behavioral and Brain Sciences **24**, 116–117 (2001)

Blum, W.: *Quality teaching of mathematical modelling – what do we know, what can we do?* Plenary lecture at ICME 12. Seoul (2012) (Private Mitteilung; wird erst veröffentlicht)

Borovcnik, M.: Probabilistic and statistical thinking. In: Bosch, M. (Hrsg.) European Research in Mathematics Education, Bd. IV, S. 484–506. IQS Fundemi, Barcelona (2006). Online: http://ermeweb.free.fr/CERME4/

Borovcnik, M.: Aufgaben in der Stochastik – Chancen jenseits von Motivation. Didaktik-Reihe der Österreichischen Mathematischen Gesellschaft **42**, 1–23 (2009)

Borovcnik, M.: Key properties and central theorems in probability and statistics – corroborated by simulations and animations. Selçuk Journal of Applied Mathematics. Special Issue of „Statistics" **12**, 3–19 (2011a)

Borovcnik, M.: Strengthening the role of probability within statistics curricula. In: Batanero, C., Burrill, G., Reading, C. (Hrsg.) Teaching statistics in school mathematics. Challenges for teaching and teacher education: A joint ICMI/IASE Study, S. 71–83. Springer, New York (2011b)

Borovcnik, M., Kapadia, R.: Modelling in probability and statistics–key ideas and innovative examples. In: Maaß, J., O'Donoghue, J. (Hrsg.) Real-World Problems for Secondary School Students–Case Studies, S. 1–44. Sense, Rotterdam (2011)

Borovcnik, M., Kapadia, R.: Applications of Probability: The Limerick experiments. Topic Study Group 17 'Mathematical applications and modelling in the teaching and learning of mathematics' ICME 12, Seoul. (2012). Online: www.icme12.org/sub/tsg/tsg_last_view.asp?tsg_param=17

Borovcnik, M., Peard, R.: Probability. In: Bishop, A., Clements, K., Keitel, C., Kilpatrick, J., Laborde, C. (Hrsg.) International Handbook of Mathematics Education, S. 239–288. Kluwer, Dordrecht (1996)

Chaput, B., Girard, J.C., Henry, M.: Modeling and simulations in statistics education. In: Batanero, C., Burrill, G., Reading, C. (Hrsg.) Teaching statistics in school mathematics. Challenges for teaching and teacher education: A joint ICMI/IASE Study, S. 85–95. Springer, New York (2011)

Dubben, H.-H., Beck-Bornholdt, H.-P.: Mit an Sicherheit grenzender Wahrscheinlichkeit. Logisches Denken und Zufall. Rowohlt, Reinbek bei Hamburg (2010)

Ehrenberg, A.S.C.: Data reduction. Wiley, New York (1981)

de Finetti, B.: Theory of probability. Wiley, New York (1974). (Transl. A. Machi, & A. Smith)

Fischbein, E.: The intuitive sources of probabilistic thinking in children. D. Reidel, Dordrecht (1975)

Freedman, D., Pisani, R., Purves, S.: Statistics, 4. Aufl. Norton, London (2007)

Gigerenzer, G.: Calculated risks: How to know when numbers deceive you. Simon & Schuster, New York (2002)

Kataoka, V.Y., et al.: Probability teaching in basic education in Brazil: assessment and intervention. *Eleventh International Congress on Mathematics Education, TSG 13 "Research and development in the teaching and learning of probability"*, Monterrey, México. (2009). Online: http://iase-web.org/Conference_Proceedings.php?p=ICME_11_2008

Lysø, K.: Strengths and limitations of informal conceptions in introductory probability courses for future lower secondary teachers. *Eleventh International Congress on Mathematics Education, TSG 13 "Research and development in the teaching and learning of probability"*, Monterrey, México. (2008). Online: http://iase-web.org/Conference_Proceedings.php?p=ICME_11_2008

MacKenzie, D.A.: Statistics in Britain – 1865–1930 – The social construction of scientific knowledge. Edinburgh University Press, Edinburgh (1981)

Meyer, P.L.: Introductory probability and statistical applications, 2. Aufl. Addison-Wesley, Reading (1970)

Miller, G.: The magical number seven, plus or minus two: Some limits on our capacity for processing information. The Psychological Review 63(2), 81–97 (1956). Online: www.musanim.com/miller1956

Popper, K.: *Logik der Forschung. Zur Erkenntnistheorie der modernen Naturwissenschaft.* Wien: J. Springer. 11. Aufl. H. Keuth (Hrsg.): 2005. Tübingen: Mohr Siebeck (1935)

Richardson, M., Reischman, D.: The magical number 7. Teaching Statistics 33(1), 17–19 (2011)

Styer, D.F.: The strange world of quantum mechanics. Cambridge University Press, Cambridge (2000)

Wild, C.J., Pfannkuch, M.: Statistical thinking in empirical enquiry. International Statistical Review 67(3), 223–265 (1997)

Sparen mit Verstand – Möglichkeiten zur Vernetzung von Mathematik und politischer Bildung

Dr. Lucia Del Chicca und Prof. Dr. Jürgen Maaß

Zusammenfassung

Im Februar 2012 verkündete die Regierung Österreichs das neue Sparpaket: 27 Milliarden Euro sollen in den nächsten drei Jahren gespart bzw. durch neue Steuern erbracht werden. Die Liste der Einsparungen ist lang; selbstverständlich findet sich auch der Öffentliche Dienst bzw. „die Beamten" mit einem angestrebten Betrag von 1,8 Milliarden Euro auf der Liste. Wir nehmen die entsprechenden Medienmeldungen zum Anlass, um an diesem Beispiel zu zeigen, wie die Vernetzung von einfachen Berechnungen, iterativer Modellierung und etwas Suchen nach Daten im Internet zu einem ertragreichen Projekt führen können, das ganz nebenbei auch sehr schön zeigt, wie Mathematikunterricht etwas zur politischen Bildung beitragen kann.

Vorschläge zum realitätsbezogenen Mathematikunterricht sollen sich auf eine reale Situation in der Lebenswelt von SchülerInnen beziehen. Die Motivationskraft ist umso stärker, je unmittelbarer dieser Bezug deutlich ist. Das Thema „Sparprogramme" wird nach unserer Einschätzung auf absehbare Zeit für alle SchülerInnen in Europa sehr relevant sein. Einsparungen im Bereich öffentlicher Dienst bzw. Verwaltung wird in der Regel dazu gehören. Wie lässt sich daraus ein motivierender und politisch bildender Mathematikunterricht machen? Wir haben uns entschieden, exemplarisch die österreichischen Daten zu verwenden, obwohl sie für SchülerInnen aus anderen Ländern nicht sehr relevant sind, weil wir davon ausgehen, dass MathematiklehrerInnen, die unseren Unterrichtsvorschlag umsetzen wollen, im Mathematikunterricht ohnehin Bezug auf die für die SchülerInnen in dieser Schulklasse aktuellen und relevanten Daten nehmen werden. Kurz: Wer diesem Vorschlag folgen möchte, sollte eine eigene Datensuche einplanen – wie es in realitätsnahem Mathematikunterricht üblich ist.

L. Del Chicca ✉
Institut für Didaktik der Mathematik, Johannes Kepler Universität Linz, Altenberger Str. 69, 4040, Linz, Österreich

J. Maaß
Institut f. Didaktik der Mathematik, Johannes Kepler Universität Linz, Linz, Österreich

J. Maaß, H.-S. Siller (Hrsg.), *Neue Materialien für einen realitätsbezogenen Mathematikunterricht 2*, Realitätsbezüge im Mathematikunterricht, DOI 10.1007/978-3-658-05003-0_3,
© Springer Fachmedien Wiesbaden 2014

Wirtschaftliche Zusammenhänge sind in allgemeinbildenden Schulen nicht als selbstverständliches Vorwissen vorhanden, auf das sich ein Mathematikunterricht problemlos stützen kann.

Der von uns vorgeschlagene Unterricht bietet viele Möglichkeiten zur fächerübergreifenden Kooperation, die genutzt werden können, um diesen Vorschlag umzusetzen. Wir haben im Text ganz bewusst an mehreren Stellen Hinweise eingebaut, über welche Themen oder Fragestellungen Verbindungen zu weiter führenden wirtschaftlichen und politischen Fragen hergestellt werden können. Wir betonen aber auch, dass ein wenig Allgemeinbildung zum Themenkreis Budget und öffentlicher Dienst völlig ausreichen, um den vorgeschlagenen Unterricht durchzuführen.

1   Erster Versuch

Ausgangspunkt für diesen Unterrichtsvorschlag sind Meldungen in den Nachrichten (etwa http://news.orf.at/stories/2104354/2104363/), nach denen ein Teil des neuen Sparpaketes auch die Beamten betrifft. In den Nachrichten wurde gesagt, dass durch eine Nulllohnrunde in den nächsten drei Jahren 1,8 Milliarden Euro eingespart werden sollen.

Wir fragen uns: So viel? Geht das überhaupt? Der Betrag ist so hoch, dass es schwierig ist, die Größenordnung zu verstehen. Wie viele Beamte müssen auf wie viel Geld verzichten, damit in drei Jahren 1,8 Milliarden Euro zusammenkommen?

Ein zentrales Anliegen des Mathematikunterrichtes ist es, Modellieren zu lernen, wie in vielen Lehrplänen und Kompetenzkatalogen nachzulesen ist. Im österreichischen Lehrplan für die Oberstufe an Gymnasien heißt es dazu: „Der Unterricht hat daher grundlegendes Wissen, Entscheidungsfähigkeit und Handlungskompetenz zu vermitteln. Die Schülerinnen und Schüler sind zu befähigen, sich mit Wertvorstellungen und ethischen Fragen im Zusammenhang mit Natur und Technik sowie Mensch und Umwelt auseinander zu setzen. Als für die Analyse und Lösung von Problemen wesentliche Voraussetzungen sind Formalisierung, Modellbildung, Abstraktions- und Raumvorstellungsvermögen zu vermitteln." (siehe http://www.bmukk.gv.at/medienpool/11668/11668.pdf)

Zum Modellieren gehört, erst einmal mit einem bewusst einfachen Modell zu beginnen, um aus den Berechnungen etwas für weitere Modellierungsschritte zu lernen. Zu diesem Zweck starten wir mit einigen Annahmen, die wir später hinterfragen und korrigieren können. Die ersten Annahmen für das erste Modell zu wählen, ist oft eine gewisse Hürde für MathematikerInnen, die gewohnt sind, alle Aufgaben perfekt zu lösen. Es ist nicht sinnvoll und meist auch gar nicht möglich, gleich zu Beginn alle Annahmen so zu wählen, dass die beste oder gar die einzig richtige und perfekte Lösung im ersten Durchlauf durch den Modellierungskreislauf erreicht wird. Für den Anfang reicht es völlig, Annahmen zu treffen und zu modellierende Aspekte der Realität so auszuwählen, dass es überhaupt möglich ist, den ersten Durchlauf zu beginnen. Aus dem ersten Durchlauf lässt sich dann für den zweiten lernen und nach dem n-ten Durchlauf ist die Lösung dann zufriedenstellend oder die Möglichkeiten sind erschöpft. Wie wir beginnen können, zeigen wir hier exemplarisch und verraten zur allgemeinen Antwort auf diese Fragen nur unser Motto: Nur Mut!

Annahme: Ein Beamter bzw. eine Beamtin kostet, inklusive Lohnnebenkosten, – für die erste Näherung geschätzt – dem Staat im Jahr etwa 50.000 Euro, wenn wir den Durchschnitt aller BeamtInnen nehmen. Wir berücksichtigen dabei, dass etwa in den Gemeinden viele Menschen auf Posten der unteren Gehaltsgruppen als BeamtInnen oder Angestellte arbeiten, also mit „Beamte" nicht nur MinisterialrätInnen und LehrerInnen, sondern alle Beschäftigten im Öffentlichen Dienst gemeint sind, und darüber hinaus jene, die nun in ehemals öffentlichen Bereichen wie der ÖBB (Bundesbahnen) oder der ASFINAG (Autobahnverwaltung) arbeiten. Der Einfachheit halber nennen wir alle diese Menschen in weiterem Aufsatz „Beamte" (in den Formeln und BeamtInnen im Text).

Für das erste Modell verwenden wir folgende Vereinfachungen:

1. 50.000 Euro pro ArbeitnehmerIn und Jahr.
2. Wir nehmen an, dass ohne Nulllohnrunde etwa 3 % Lohnerhöhung für das Jahr 2013 realistisch gewesen wären.
3. Wir lassen alle Zins- und Inflationseffekte weg.

Wir merken uns für alle Annahmen, dass hier zu einem späteren Zeitpunkt Modellverfeinerungen möglich werden, etwa Berechnungen mit unterschiedlichen Zins- und anderen Inflationsraten.

Die „50.000 Euro Annahme" ist ein mutiger Schritt und wäre es auch dann, wenn wir mit einer anderen geschätzten Zahl wie 40.000 oder 60.000 Euro starten würden. Wir klammern damit komplizierte Themen aus der Wirtschaftswissenschaft einfach aus: Was sind Nettolohn, Bruttolohn und Lohnnebenkosten? Wer sind diese „BeamtInnen"? Wo arbeiten sie? Im Bundesdienst, bei den Bundesländern, in den Gemeinden, in den Stadtverwaltungen, bei der Polizei und im Finanzamt? Wie steht es mit Angestellten in diesen Bereichen? Sind auch Menschen gemeint, die in ausgegliederten bzw. privatisierten Bereichen arbeiten, wie die Bundesbahn, die Krankenhäuser, die Autobahnverwaltung etc.? Wir starten trotz so vielen offener Fragen einfach mit diesen Basisannahme, um überhaupt losrechnen zu können.

Mit unseren Annahmen können wir mit ein wenig Prozentrechnung starten. Ohne Beachtung von Zinseszinseffekten bedeuten Einsparungen von 1,8 Milliarden Euro in 3 Jahren 0,6 Milliarden Euro im Jahr. Eine Lohnerhöhung von 3 % bringt

$$50.000 \text{ Euro} \cdot \frac{3}{100}$$
$$= 1500 \text{ Euro pro Beamten pro Jahr}$$

Also:

$$\frac{600.000.000 \text{ Euro}}{1500 \text{ Euro pro Beamten}}$$
$$= 400.000 \text{ Beamten in Österreich}$$

Wenn es in Österreich 400.000 BeamtInnen geben würde, die alle für drei Jahre auf Lohn-

steigerungen verzichten (müssen), kämen etwa 1,8 Milliarden Euro zusammen!

1.1   Was folgt aus dem ersten Versuch?

Wir beziehen dieses Ergebnis unserer allerersten Modellierung zurück auf die Realität und sind überrascht: Kann das stimmen? Wie viele BeamtInnen gibt es tatsächlich in Österreich? Auf ins Internet!

Dort finden wir folgende Daten: Im Jahre 2011 waren in Österreich etwa 3.363.000 Menschen unselbstständig beschäftigt (http://diepresse.com/home/wirtschaft/international/556645/Oesterreich_Um-144-Prozent-mehr-Beschaeftigte). Solche Basisdaten finden sich ausführlich im jeweils gültigen „Statistischen Jahrbuch" auf der Webseite der Österreichischen Wirtschaftskammer unter http://portal.wko.at/wk/format_detail.wk?AngID=&StID=357385&DstID=17.

Für das Jahr 2011 gibt es noch einen OECD Bericht, der in der Tageszeitung „Die Presse" zitiert wird, nach dem die Beamtenquote in Österreich im diesem Jahr bei 11,4 % lag (http://diepresse.com/home/politik/innenpolitik/672504/OECD_Oesterreich-baute-am-staerksten-Beamte-ab).

Wie viel sind 11,4 % von 3.363.000 Menschen? Etwa 380.000. Wir sind mit der ersten Modellierung auf 400.000 statt rund 380.000 BeamtInnen gekommen. Für einen ersten Ansatz ist das gar nicht schlecht. Aber wir sind damit noch nicht zufrieden. Was nun? Brauchen wir zusätzliche Daten? Was müssen in unserem Modell ändern, einige Vereinfachungen des Startmodells zurücknehmen, um wieder realitätsnäher zu werden?

Zunächst versuchen wir einen ganz einfachen Weg. Wie viel müsste ein Beamter bzw. eine Beamtin im Jahr kosten, damit unser Modell passt? Wenn wir mit durchschnittlich 50.000 Euro pro Jahr bei 400.000 Beamten landen, es aber „nur" etwa 380.000 BeamtInnen gibt, liegen die Kosten höher als durchschnittlich 50.000 Euro pro Jahr.

Wie viel? Wie lässt sich das ausrechnen?

$$\frac{600.000.000 \text{ Euro}}{1500 \text{ Euro pro Beamten}}$$
$$= 400.000 \text{ Beamten in Österreich}$$

$$\frac{600.000.000 \text{ Euro}}{x \text{ Euro pro Beamten}}$$
$$= 380.000 \text{ Beamten in Österreich}$$

Also: $x = 1579$ Euro pro Beamten bzw. pro Beamtin sind zu sparen. Von welchem Betrag sind diese 1579 Euro 3 Prozent? Ca. 52.633 Euro. Wie rechnen wir das aus?

$$x \cdot 0{,}03 = 1579$$
$$\Rightarrow \frac{1579}{0{,}03} = 52.633{,}33$$

Damit haben wir unsere Frage auf einem einfache Weg gelöst: Wir korrigieren unsere erste grobe Schätzung von 50.000 Euro pro Jahr auf 52.633 Euro pro Jahr und Beamten – und haben eine Antwort. Nun müssen wir uns allerdings noch darüber klar werden, ob uns die Antwort gefällt, ob sie die Ausgangsfrage hinreichend gut beantwortet.

1.2 Fragestellungen für einen zweiten Durchgang durch den Modellierungskreislauf

Ob wir mit dem Ergebnis des ersten Durchgangs der Modellierung zufrieden sind und welche Fragen sich aus dem ersten Anlauf ergeben, denen mit einer verbesserten Modellierung gründlicher nachgegangen werden soll, liegt nicht auf der Hand. Im Schulbuch ist es in der Regel ganz offenbar und selbstverständlich, welche Aufgaben mit welchen Zielen gelöst werden sollen. Im realitätsbezogenen Mathematikunterricht hingegen lernen die SchülerInnen verantwortungsbewusst *selbst* zu entscheiden, was das eigentliche Ziel ihrer Bemühungen ist und was sie dazu modellieren

und berechnen wollen – wenn die Lehrkraft ihnen die Möglichkeit dazu gibt. Realitätsbezogener Mathematikunterricht kann deshalb einiges zu den allgemeinen Lehrzielen wie „Erziehung zur Mündigkeit" (vgl. die allgemeinen Bildungsziele im Lehrplan http://www.bmukk.gv.at/medienpool/ 11668/11668.pdf) beitragen – zur Überraschung aller KritikerInnen, die in dieser Hinsicht nichts vom Mathematikunterricht erwarten.

Wie kann so eine selbstbestimmte Entscheidung stattfinden? Wir schlagen vor, zunächst einmal eine Phase des Rückblicks (was haben wir mit welchen Resultaten gemacht?) und der Sammlung von möglichen und interessanten Folgeschritten oder offenen Fragen einzuplanen. Wir haben bisher ausgerechnet, dass bei 380.000 Beschäftigten im öffentlichen Dienst samt ausgelagerten Bereichen mit einem Durchschnittsverdienst, der das Budget mit 52.633 Euro jährlich belastet, ohne Berücksichtigung von Zinseszinseffekten tatsächlich etwa 1.800.000.000 Euro in drei Jahren eingespart werden könnten, wenn es drei Jahre lang Nulllohnrunden gibt.

In welche Richtung können und wollen wir weiter fragen:

- Sind 50.000 Euro oder mehr pro Beamter/in und Jahr eine realistische Annahme?
- Was verdienen eigentlich Beschäftigte im öffentlichen Dienst?
- Was sind Nettolöhne, Bruttolöhne und Lohnnebenkosten?
- Wie viel bringt eine Nulllohnrunde im öffentlichen Dienst für das Jahresbudget Österreichs? Hier ist auch zu bedenken, dass MitarbeiterInnen im öffentlichen Dienst Steuern und Sozialabgaben zahlen, die letztlich wieder im Budget landen. Ein Kollege aus der Gewerkschaft öffentlicher Dienst in Oberösterreich hat uns dazu mitgeteilt, dass etwa 45 % des eingesparten Lohnes deshalb an anderer Stelle im Budget fehlen, also nur 55 % tatsächlich eingespart werden. Wenn 1,8 Milliarden Euro Lohn im öffentlichen Dienst nicht ausgezahlt werden, werden also tatsächlich nur 0,99 Milliarden im Budget eingespart.

- Wie viel würde es bringen, wenn alle 3.363.000 Beschäftigten ein Jahr auf Lohnerhöhungen verzichten würden und das Geld zur Budgetsanierung verwendet würde?
- Wie viel würde es bringen, wenn jeder Mensch in Österreich einen gewissen Prozentsatz seines Vermögens zur Budgetsanierung spenden würde?
- Was bedeutet ein Verzicht auf Lohnerhöhungen für eine/n Beschäftigte/n? Wieso reden die Gewerkschaften in diesem Fall von „sinkendem Reallohn"? Wie wirkt sich das in den weiteren Berufsjahren auf den Lohn aus (Lebensverdienst)?
- Um wie viel Prozentpunkte muss der Lohn steigen, um z. B. 3 Prozent Inflation auszugleichen?
- Außer den jährlichen Lohnerhöhungen gibt es im öffentlichen Dienst Lohnerhöhungen, die vom Dienstalter abhängen, etwa sogenannte „Biennalsprünge". Welchen Effekt haben sie, wenn wir sie in unser Modell aufnehmen wollen?
- Sehr lehrreich kann auch eine historische Perspektive sein: Wie haben sich die Zahlen in den letzten Jahren verändert? Wie stark sind die Staatsverschuldung, die Löhne, die privaten Vermögen etc. gewachsen?
- ... viele weitere Fragestellungen sind möglich und sollen von den SchülerInnen in dieser Unterrichtsphase gesammelt werden.

Offensichtlich finden sich im Umfeld unserer Fragestellungen viele Verbindungen zu volkswirtschaftlichen Begriffen und Theorien. Es bestehen demnach viele Möglichkeiten zu Kooperationen mit Unterrichtsfächern wie „Geografie und Wirtschaftskunde" (wie es etwa in Österreich heißt). Für die meisten „Sach"-Fragen[1], die im Mathematikunterricht beantwortet werden müssen, um zu verstehen, was auszurechnen ist bzw. wie das Ergebnis einzuordnen ist, reicht jedoch ein All-

tagsverständnis von Begriffen wie Inflation, Budget etc.

Nun sind wir (im vorgeschlagenen Unterrichtsgang ebenso wie in diesem Text) an einem Punkt angelangt, an dem wir erkennen müssen, dass nicht alle Wünsche erfüllbar sind; wir müssen auswählen und uns entscheiden. Für diesen Aufsatz wählen wir exemplarisch einige Fragen aus, denen wir weiter nachgehen.

1.3 Beispiele für verbesserte Modellierungen

1.3.1 Inflation und Reallohn

Weshalb ist eine Nulllohnrunde tatsächlich eine Lohnkürzung? Der ausgezahlte Lohn bleibt doch gleich hoch, wenn die Steuern gleich bleiben. Der Lohn bleibt zwar gleich hoch, jedoch nicht die Lebenshaltungskosten. Was sind das für Kosten? Wohnen, Lebensmittel, Kleidung, Auto, Reisen, Unterhaltung (Fernsehen, Radio, Computer, Kino, Theater...) – alles kostet Geld. Diese Kosten sind leider nicht konstant; sie steigen immer wieder. Dieser Effekt heißt **Inflation**. Wie genau die Inflation gemessen wird und was sie tatsächlich verursacht, ist in der Wirtschaftswissenschaft umstritten. Wir versuchen hier keine eigene Definition, sondern verweisen auf die Erläuterung der Europäischen Zentralbank (unter http://www.ecb.int/ ecb/educational/hicp/html/index.de.html) und die Möglichkeit, „Inflation" zum Thema eines Fächer übergreifenden Mathematikunterrichts zu machen. Im Mathematikunterricht selbst lässt sich aber sehr schön die Frage beantworten, ob eine bestimmte Lohnerhöhung eine gleich große Inflation ausgleicht oder nicht. Nehmen wir dazu ein bewusst einfaches Zahlenbeispiel: Monatslohn 1000 Euro, 3 Prozentpunkte Lohnerhöhung und 3 Prozent Inflationsrate. Nach der Lohnerhöhung beträgt der Lohn 1030 Euro und nach Abzug der Inflation

$$1030 \text{ Euro} \cdot \frac{(100-3)}{100} = 999,1 \text{ Euro}$$

Oh, das sind wirklich nicht 1000 Euro. Haben wir falsch gerechnet? Wir versuchen es anders

---

[1] Gerade in der aktuellen Wirtschaftskrise zeigt sich auch eine Krise der Wirtschaftswissenschaft – viele Begriffe sind Kampfbegriffe zwischen unterschiedlichen Fraktionen – und gerade nicht sachlich und neutral definiert.

herum, indem wir zuerst die Inflation abziehen: Ziehen wir von 1000 Euro 3 Prozent (also 30 Euro) ab, bleiben noch 970 Euro. Dann kommen drei Prozent Lohnerhöhung hinzu und wir landen wieder bei 999,10 Euro. Für die Lehrkraft war das vorher schon klar; für die SchülerInnen kann es aber eine bemerkenswerte Entdeckung sein. Vielleicht schaffen es sogar einige SchülerInnen mit etwas Hilfe der Lehrkraft, diese Entdeckung formelmäßig zu beweisen.

Formelmäßig beweisen? Gehört so etwas überhaupt in einen realitätsbezogenen Mathematikunterricht? Selbstverständlich! Wir deuten nur kurz drei wesentliche Gründe an:

1. Beweisen gehört zum Wesen der Mathematik, sollte also im Unterricht immer bzw. immer dort, wo es sinnvoll erscheint, gelernt und geübt werden. Im Mathematikunterricht kann im Unterschied zu anderen Unterrichtsfächern beweisen werden, dass eine Aussage richtig ist – alle am Unterricht Beteiligten können und sollen darauf stolz sein!

2. In der Geschichte der Mathematik haben sich oft aus dem Nachdenken über Lösungen für reale Probleme hoch interessante mathematische Fragestellungen ergeben. Auch in der heutigen Industriemathematik werden aus Projekten oft Dissertationen, in denen auftauchende Vermutungen beweisen werden. Umgekehrt haben bewiesene mathematische Sätze oft den Weg zur Lösung praktischer Probleme geebnet, die sonst nicht gut lösbar waren. Kurz: In der Geschichte der Mathematik gibt es viele gute Beispiele für ein erfolgreiches Zusammenwirken von Modellieren und Beweisen.

3. Wenn realitätsbezogener Mathematikunterricht so missverstanden würde, dass hier ohne mathematisches Argumentieren und ohne Beweise unterrichtet würde, wäre das kein Mathematikunterricht. Gerade in der Kombination von Realitätsbezug und Mathematik liegt der eigentliche Wert (und nicht im Verzicht auf Mathematik)!

Zurück zum Beispiel: Seien der Lohn L und der Prozentsatz p gegeben, dann spielt es für das Ergebnis keine Rolle, ob zuerst die Lohnerhöhung berechnet und dann die Inflation abgezogen wird oder umgekehrt erst die Inflation abgezogen und dann die Lohnerhöhung berechnet wird. Beweise:

$$\left[L \cdot \frac{(100-p)}{100} \right] \cdot \frac{(100+p)}{100}$$
$$= \left[L \cdot \frac{(100+p)}{100} \right] \cdot \frac{(100-p)}{100}$$

Das schwierigste Hindernis dabei ist der Beweisansatz, also das Aufstellen der Formel mit den passenden Buchstaben an der richtigen Stelle.

Können wir nun auch noch ausrechnen, wie hoch die Lohnerhöhung sein muss, um real die Inflation auszugleichen? Wir könnten es mit einer Intervallschachtelung probieren, setzen aber gleich eine Formel an:

$$L \cdot \frac{(100-p)}{100} \cdot \frac{(100+x)}{100} = L$$

Dann ist

$$x = \frac{100 \cdot p}{(100-p)}$$

Kann das stimmen? Für unser Ausgangsbeispiel mit 1000 Euro Lohn und 3 Prozent fehlten 90 Cent am Lohnausgleich. Das sind gerade 3 Prozent der Lohnerhöhung, also 3 Prozent von 30 Euro. Unser x beträgt mit diesen Daten 3,092 783 505 154 64 – wie erwartet etwas mehr als 3 %. Was ist nun

$$L \cdot \frac{(100-p)}{100} \cdot \frac{(100+x)}{100}$$
$$= 1000 \cdot \frac{(100-3)}{100} \cdot$$
$$\cdot \frac{(100 + 3{,}092\,783\,505\,154\,64)}{100} = ?$$

1000 Euro – das passt!

1.3.2 Einsparungen im öffentlichen Dienst und ihr Beitrag zur Budgetsanierung

Im Öffentlichen Dienst in Österreich sollen durch eine Nulllohnrunde im Jahre 2013 ca.

600.000.000 Euro gespart werden. Das ist sehr viel Geld; wir raten deshalb dazu, in der Schulklasse nach Möglichkeiten zu suchen, sich eine solche Summe vorzustellen. Die erste Assoziation zu „viel Geld" geht vielleicht zum Lotto, aber selbst mit Jackpot gibt es im Lotto nur selten einen Gewinn von 6.000.000 Euro, also einem Hundertstel dieses Betrages. Die zweite Assoziation geht in eine andere Richtung: Wer 2000 Euro netto monatlich verdient, davon im Durchschnitt 1000 Euro ausgibt und 1000 Euro spart, müsste (ohne Zinsen) 600.000 Monate oder 50.000 Jahre sparen, um diesen Betrag zu besitzen. Das führt zu einer dritten Assoziation: Wenn viele Leute etwas beitragen, kommt mehr zusammen. Wenn 600.000 Menschen dem Staat jeweils 1000 Euro schenken, sind das insgesamt 600.000.000 Euro. Ist das realistisch?

Wer meint, dass mit diesem großen Betrag nun alle Budgetsorgen überflüssig werden? Um diese Frage zu beantworten, müssen wir uns das aktuelle Budget anschauen: „Der Finanzierungsvoranschlag 2013 zeigt Auszahlungen in Höhe von rund 75,0 Mrd. Euro und Einzahlungen in Höhe von rund 68,7 Mrd. Euro und einen Nettofinanzierungsbedarf von rund 6,3 Mrd. Euro." heißt es im Bundesfinanzgesetz für das Jahr 2013 (siehe Abschnitt „Gesamtüberblick" auf Seite 6 http://www.bmf.gv.at/Budget/Budgetsimberblick/Sonstiges/Budgetsimberblick/Budget2013/Gesamtueberblick_2013.pdf).

Die Ausgaben von 75.000.000.000 Euro sinken durch die Nulllohnrunde um 600.000.000 Euro? Nein, sie würden ohne die Einsparungen 75.600.000.000 Euro betragen. Um wie viel sinken die Ausgaben?

$$\frac{600.000.000}{75.600.000.000} \cdot 100 = 0{,}793\,650\,793\,65$$

Die Ausgaben sinken um 0,79 Prozentpunkte – also nicht viel. Das ist enttäuschend! 380.000 Menschen müssen reale Lohneinbußen hinnehmen und der Effekt für das Budget ist recht gering.

Was müssten die ca. 8.500.000 EinwohnerInnen Österreichs tun, um wenigstens ein ausgeglichenes Budget zu bekommen?

$$\frac{6.300.000.000 \text{ Euro Defizit}}{8.500.000 \text{ EinwohnerInnen}} =$$
$$= 741{,}18 \text{ Euro pro Einwohner}$$

Vielleicht gibt es eine Spendenaktion? Oder wir bitten alle MillionärInnen um Unterstützung? Laut Valluga Vermögensreport gibt es in Österreich 72.100 MillionärInnen (unter http://kurier.at/wirtschaft/oesterreich-hat-72-100-millionaere/789.659). Wie viel sollte jede/r Millionär/in spenden, um das Budgetdefizit auszugleichen? 87.378,64 Euro – ist das für eine/n Millionär/in gar nicht viel – oder viel zu viel?

Wer nicht um seinen guten Schlaf fürchtet, kann sich im Internet auch darüber informieren, wie die Staatsverschuldung Österreichs laufend steigt: http://www.staatsschulden.at/.

Im Mathematikunterricht ist es ein wichtiges Lernziel, ein Verständnis und eine Vorstellung von sehr großen Zahlen zu entwickeln. Wir empfehlen daher für die Unterrichtsplanung zum Thema Budget und Sparen noch weitere Zahlen aus dem Internet zu suchen und zu vergleichen, insbesondere für die einzelnen Ministerien und die Aufgaben wie Bildung, Soziales, Infrastruktur, Verteidigung etc.

2 Anlauf: Nulllohnrunde reicht nicht

Wer ein ganz aktuelles Thema im realitätsbezogenen Mathematikunterricht behandelt, wird immer wieder auch erleben, dass sich die Realität ändert. Während wir noch aufgrund der ersten Meldung in den Medien modellieren üben, lesen wir eine neue Meldung zum Sparpaket: Die im Moment zuständige Beamtenministerin „rechnet gar mit 2,5 Milliarden Euro, bestehend aus Besoldungsmaßnahmen (Nulllohnrunde 2013, später nur ein Prozent mehr plus Einmalzahlung), zusätzliche Einsparungen bei der Exekutive und beim Bundesheer sowie Verwaltungsreformen." (http://www.nachrichten.at/

nachrichten/politik/innenpolitik/art385,818064? fCMS=e5819b89e8753596771d5d38ce59dded).

Diese Nachricht gibt uns neue Informationen: Mit der Gewerkschaft Öffentlicher Dienst ist es vereinbart, innerhalb von 3 Jahren zumindest 1,8 Milliarden Euro einzusparen, jedoch hofft die verantwortliche Ministerin auf bis zu 2,5 Milliarden Euro Sparerfolg in diesem Zeitraum. Das sollte mit genau einer Nulllohnrunde im Jahr 2013 und anderen zusätzlichen Maßnahmen für die folgenden Jahre erreicht werden. Kann das stimmen? Weniger Einsparung und mehr Sparerfolg?

Wir versuchen mit unserem Ausgangsmodell diese neue Information zu verstehen. Wenn wir wiederum, weil es übersichtlicher ist, die Ausgaben des Staates pro BeamtInnen und Jahr mit 50.000 Euro ansetzen, dann wird bei einer Nulllohnrunde 2013 folgender Betrag gespart:

380.000 BeamtInnen · 50.000 Euro brutto im Jahr · 3 Prozent Nichterhöhung ergeben 570.000.000 Euro.

Im 2. und 3. Jahr kommen noch einmal Einsparungen hinzu, weil die Lohnerhöhung 1 % statt 3 % beträgt, also noch einmal

$$2 \cdot \frac{2}{3} \cdot 570.000.000 \text{ Euro}$$
$$= 760.000.000 \text{ Euro}$$

Durch Lohnverzicht kommen also ungefähr

$$570.000.000 + 760.000.000$$
$$= 1.330.000.000 \text{ Euro}$$

zusammen. Die Einmalzahlungen mindern diesen Betrag – wir schätzen, dass 60 Prozent der BeamtInnen in den unteren Gehaltsgruppen[2] sind und eine Einmalzahlung von 1000 Euro erhalten sollen. Das ergeben

$$380.000 \text{ Beamte} \cdot 0,6 \cdot 1000 \text{ Euro pro Beamten}$$
$$= 228.000.000 \text{ Euro}$$

---

[2] In der Tabelle unten verwenden statt einer Schätzung einen Schieberegler

Somit sind wir auf

$$1.330.000.000 - 228.000.000$$
$$= 1.102.000.000 \text{ Euro}$$

Einsparungen durch Lohnverzicht seitens der BeamtInnen. Wenn die Einmalzahlung etwas geringer ausfällt oder der Kreis der Begünstigten etwas kleiner ist, steigt dieser Beitrag der öffentlichen Bediensteten wieder. Wir nehmen einfach eine runde Summe: 1.100.000.000 Euro. Woher sollen dann die anderen 700.000.000 Euro kommen, um das erste Sparziel von 1,8 Milliarden Euro zu erreichen? Frau Ministerin meint: durch „zusätzliche Einsparungen bei der Exekutive und beim Bundesheer sowie Verwaltungsreformen." Mit anderen Worten: Durch Personalverringerung.

Hier können wir nun je nach Klassenstufe einfacher oder genauer modellieren. Die einfachste Rechnung geht so:

$$\frac{700.000.000 \text{ Euro}}{50.000 \text{ Euro Jahreskosten pro Beamten}}$$
$$= 14.000 \text{ Beamtenposten}$$

Wenn wir im ersten Jahr ein ganzes Gehalt einsparen, dann auch in den beiden folgenden. Wer also im ersten Jahr circa 4600 Posten einspart, gewinnt in drei Jahren circa 14.000 Jahresgehälter. Wer erst 2 Jahre verhandelt, muss im dritten Jahr 14.000 Posten streichen, um das Sparziel 1,8 Milliarden Euro zu erreichen. Wir erinnern daran, dass in der zweiten Nachrichtenmeldung sogar von 2,5 Milliarden Euro als Sparziel gesprochen wurde. Das würde heißen, dass 28.000 Stellen im öffentlichen Dienst gespart werden sollten.

Hier kann nun mit etwas mehr Mathematik auch auf Monatsbasis modelliert werden. Wir können sogar noch feiner modellieren, wenn wir berücksichtigen, dass gekürzte Stellen bedeuten, dass unseren obigen Berechnungen von den Stellenstreichungen auch beeinflusst werden. Durch die Kürzung wird die Summe der Einsparungen durch eine Nulllohnrunde verringert.

Hinweis Im Zusammenhang mit der Streichung von Stellen im öffentlichen Dienst ist es wichtig festzuhalten, dass ein gewisser Teil der 380.000 BeamtInnen in Österreich unter Kündigungsschutz stehen. Somit kann ein Stellenabbau nur durch Pensionierung und Nicht-Nachbesetzung der Posten erfolgen.

2.1 Was bedeuten unsere Modellrechnungen in der Realität?

Nun beginnt eine Unterrichtsphase, in der die SchülerInnen versuchen zu verstehen, was es für den öffentlichen Dienst bedeutet, wenn Posten nicht nachbesetzt oder gestrichen werden. Die von uns mit dem einfachen Modell geschätzten Einsparungen von rund 3,6 % der Stellen (für das erste Sparziel) sollen, wie in den Medien erwähnt, nicht gleichmäßig verteilt werden, sondern durch Kürzungen bei der Exekutive, beim Bundesheer sowie durch Verwaltungsreformen erreicht werden.

Wir schlagen vor, in dieser Phase des Unterrichts Gruppen von SchülerInnen die Aufgabe zu geben, sich zu überlegen, was passiert, wenn in einem bestimmten Bereich des öffentlichen Dienstes Stellen gespart werden. Dabei soll jeweils eine Gruppe gezielt Argumente für das Sparen sammeln und eine andere Gruppe Argumente, die dagegen sprechen. In einer Podiumsdiskussion können dann VertreterInnen der beiden Gruppen Argumente austauschen. Zudem können sie dazu auch VertreterInnen der thematisierten teilgruppe des öffentlichen Dienstes befragen. Wir skizzieren das an einem Beispiel in Thesenform – mit etwas Humor gewürzt.

2.1.1 Beispiel: Einsparung bei Exekutive und Bundespolizei

„Wichtigster und größter Wachkörper ist der Wachkörper Bundespolizei, der in ganz Österreich gewöhnliche Polizeiaufgaben erledigt. Dieser verfügt über rund 1000 Polizeiinspektio-nen und etwa 20.000 Mitarbeiter," heißt es bei Wikipedia. (http://de.wikipedia.org/wiki/Polizei_ %28%C3%96sterreich%29).

Wenn dieser Teil des öffentlichen Dienstes um 70 % (14.000 von 20.000 Stellen) gekürzt wird, ist das Sparziel erreicht. Natürlich wird dies eine massive Einschränkung der Leistungsfähigkeit der Exekutive bedeuten.

Was spricht dafür? Weniger lästige Verkehrskontrollen (z. B. wegen Alkohol am Steuer), Demonstrieren wird viel einfacher und unkontrollierter, die BürgerInnen würden wieder mehr selbstverantwortlich (jeder Erwachsene erhält ein Gewehr oder eine Pistole aus nicht mehr benötigten Beständen von Polizei und Bundesheer und sorgt selbst für Sicherheit und Ordnung, als BürgerInnenwehr oder privater Wachdienst?). Außerdem könnten viele öffentliche Immobilien (wie Wachhäuser oder Polizeikasernen) verkauft oder anders genutzt werden.

Was spricht dagegen? Es wird wahrscheinlich viel gefährlicher, in Österreich zu leben. Gesetze werden nicht mehr ausreichend überwacht, es würde zu mehr Einbrüchen und Diebstählen kommen, die Verkehrssicherheit würde dramatisch sinken und Gewaltverbrechen würden stark zunehmen. Es würde das Recht des Stärkeren herrschen. Natürlich würden vor allem ärmeren Bevölkerungsschichten darunter leiden. Nicht zuletzt würden die Einnahmen durch Strafen sinken.

Auch hier geben wir einen Hinweis eines Kollegen von der Gewerkschaft öffentlicher Dienst wieder: Zum 30.4.2004 wurde die österreichische Zollwache aufgelöst. Die 3800 dort Beschäftigten hatten bis dahin etwa 1,5 Milliarden Euro an Zollgebühren ans Finanzamt überwiesen.

2.1.2 Zusatzfrage

Wie weit ändern sich die Argumente, wenn dieser Teil des öffentlichen Dienstes nicht ganz eingespart, sondern nur etwas reduziert wird, weil die Kürzungen sich gleichmäßig zwischen Executive und Verwaltung verteilt wird?

2.2 Beispiel: Einsparungen durch Verwaltungsreformen

Wozu brauchen wir als Bürgerinnen und Bürger eigentlich eine öffentliche Verwaltung? Als Ergebnis einer Sammelphase in der Schulklasse kommt eine Liste zustande, auf der etwa folgende Stichworte stehen: Ausweise, Heirat, Geburt, Tod, Umzug, Baugenehmigungen...

Was passiert, wenn das entsprechende Personal um die Hälfte reduziert wird? Müssen wir dann auf die entsprechenden Urkunden oder Genehmigungen einfach doppelt so lange warten? Würden Gesetze und Richtlinien nicht mehr befolgt? Wäre z. B. eine Bebauungsplanung noch möglich? Gibt es einen Akkumulationseffekt: Weil im öffentlichen Dienst gespart wird und deshalb die Dienstleistung langsamer oder lückenhafter oder insgesamt schlechter erfolgt, schimpfen immer mehr BürgerInnen über die mangelnde Qualität des öffentlichen Dienstes und verlangen – mehr Privatisierung? Mehr Geld für den öffentlichen Dienst? Hier bietet es sich an, im fächerübergreifenden Unterricht eine Person aus der Gemeinde bzw. der Stadtverwaltung in die Schule einzuladen oder sie als Schulklasse zu besuchen, um mehr dazu zu erfahren. Vielleicht kann dann auch darüber diskutiert werden, was sich ändern wird, wenn die Anzahl der Gemeinden erheblich reduziert werden würde, um Geld zu sparen (aktuelles Beispiel in Österreich ist die Gemeindereform in der Steiermark!). Eine solche „große" Reform wird ja immer wieder im Zusammenhang mit Kosteneinsparungen im öffentlichen Dienst erörtert.

2.3 Zusatzfrage

Wie weit ändert sich die Diskussion, wenn wir das zweite Sparziel 2,5 Milliarden Euro erreichen möchten? Wo können wir noch zusätzliche, genauere Informationen darüber gewinnen, wo gespart werden kann?

2.4 Didaktischer Tipp

Als sichtbarer Abschluss der Modellierung und gute Grundlage für die Diskussion über das Ergebnis bietet sich die Erstellung einer Tabelle in einem Tabellenkalkulationsprogramm an. Hier können direkt oder per Schieberegler Werte wie Sparziel, Inflationsrate, Anzahl der Beamten, Anzahl der Jahre ohne Lohnerhöhung, durchschnittliche Kosten pro Stelle etc. eingegeben werden, um direkt zu sehen, wie viel Geld so gespart wird und wie viele Stellen gestrichen werden. Eine solche Tabelle könnte wie in Abb. 1 aussehen.

2.5 Conclusio für die Politik

Es ist viel leichter, im Zeitungsinterview ein Sparziel vorzugeben, als im konkreten Beispiel ein Einsparpotenzial zu finden und zu nutzen – selbst wenn wir von gewerkschaftlichen Vorbehalten gegen Stellenabbau und Lohnkürzung absehen und nur aus der Sicht des Nutzens für uns als BürgerInnen urteilen.

2.6 Ausblick für den Schulunterricht

Mündige BürgerInnen sollen in der Lage sein, sich selbst ein Bild von dem zu machen, was ihnen in den Medien berichtet wird. Wer gelernt hat, wie es in diesem Vorschlag für einen realitätsbezogenen Mathematikunterricht intendiert wird, ohne Scheu vor großen Zahlen mit ein wenig Prozentrechnung die vorgegebenen Daten zu ergänzen und zu modellieren, kann sich eine fundierte Meinung bilden und danach auch zielgerecht politisch handeln. Wir betonen auch an dieser Stelle, dass es nicht das Ziel des Unterrichts ist, den SchülerInnen die politischen Ansichten der Lehrkraft beizubringen; die SchülerInnen sollen lernen, sich selbst mit Hilfe der Mathematik eine Meinung zu bilden.

Sparvarianten mit Schiebereglern

Durchschnittliches Brutto Lohn pro Jahr in Euro	50000
Nulllohnrunde in %	3
Anzahl der Beamten	380000
Einmalzahlung in Euro	1000
Anzahl der Beamten die eine Einmahlzahlung bekommen in %	60
Anzahl der im ersten Jahr gestrichene Posten	14000

		Restsumme zu sparen bis 1,8 Milliarden Euro	Restsumme zu sparen bis 2,5 Milliarden Euro
1. Anlauf: Sparsumme die in 3 Jahren nur durch Nulllohnrunden erreicht wird	1710000000	90000000	790000000
2.Anlauf:			
1. Jahr: Sparsumme durch Nulllohnrunde	570000000	1230000000	1930000000
2. Jahr: Sparsumme durch Lohnerhöhung von nur 1%	366000000	1434000000	2134000000
3. Jahr: Sparsumme durch Lohnerhöhung von nur 1%	366000000	1434000000	2134000000
2. Jahr: Ausgabe für die Einmalzahlung	-219600000		
3. Jahr: Ausgabe für die Einmalzahlung	-219600000		
2. Jahr: Sparsumme durch gestrichene Posten	700000000	1100000000	1800000000
3. Jahr: Sparsumme durch gestrichene Posten	700000000	1100000000	1800000000
2.Anlauf: Sparsumme total	2262800000	-462800000	237200000

Abb. 1 Sparvarianten mit Schiebereglern

Sonne, Mond und Sterne

Kalender und astronomische Größen in der Sekundarstufe I

Prof. Dr. Günter Graumann

Zusammenfassung

Mit Kalenderrhythmen und Kalendern in anderen Ländern und Religionen aber auch dem Verlauf von Sonne, Mond und Sternen werden wir und auch Schülerinnen und Schüler des Öfteren konfrontiert. Allerdings kennen viele Menschen die Hintergründe und Zusammenhänge dieser Zyklen nicht. Von astronomischen Größen hören wir heutzutage ebenfalls oft (etwa im Zusammenhang mit Satelliten, Forschungen über unsere Sonne und die Planeten oder der Suche nach Exoplaneten). Die dabei auftretenden Entfernungen überschreiten in der Regel unser normales Vorstellungsvermögen, so dass wir dazu Hilfsvorstellungen wie maßstabsgetreue Darstellungen und Verhältnisberechnungen entwickeln müssen. Es ist deshalb wichtig, dass in der Schule zu verschiedenen Zeiten einzelne Aspekte des hier angesprochenen Themenfeldes erörtert werden. Zum Teil geschieht das ja auch. In Schulbüchern der Sekundarstufe taucht es zwar kaum auf, aber es gibt eine Reihe von sachlich/didaktisch orientierten Veröffentlichungen zum Thema Kalender[1].

Im Folgenden soll zur Unterstützung und Anregung von Lehrenden ein Überblick verschiedener Aspekte dieses großen Themenfeldes im Sinne einer Sachanalyse dargelegt werden. Auf methodische Aspekte kann dabei nur vereinzelt eingegangen werden, zumal die unterrichtliche Umsetzung von der jeweils gegebenen Situation abhängt, die allein die Lehrperson richtig beurteilen kann. Auch ist weithin bekannt, dass minutiös ausgearbeitete Unterrichtseinheiten in der Regel nicht so verwendet werden, wie die Planung es vorschreibt.

[1] Vgl. etwa Böer, H. (1995), Deschauer, S. (1987), Graßl, A. (1998), Hartmann, M. (2000), Lichtenberg u. a. (1998), Mütz, K. (1996), Oswalden, M. (1990), Rixecker, H. (1983), Strick, H. K. (2010), Zemaneck, H. (1984) oder Zumbusch, G. (2000).

G. Graumann ✉
Deciusstr. 41, 33611, Bielefeld, Deutschland

J. Maaß, H.-S. Siller (Hrsg.), *Neue Materialien für einen realitätsbezogenen Mathematikunterricht 2*, Realitätsbezüge im Mathematikunterricht, DOI 10.1007/978-3-658-05003-0_4, © Springer Fachmedien Wiesbaden 2014

1 Grundlegende Informationen zum Thema Kalender

Den ersten Kontakt mit dem Kalender, den Wochentagen, Monaten und Jahreszeiten, haben Schulkinder schon im *zweiten Schuljahr*. Hierzu findet man in Schulbüchern und didaktischer Literatur[2] eine Reihe von Aufgaben und Aktivitätsvorschlägen. Wir wollen hier aber darauf nicht näher eingehen, sondern nur hervorheben, dass mit den Kindern die Besonderheit, dass alle vier Jahre der Monat Februar einen Tag mehr hat, sicherlich besprochen wird[3]. Warum alle Festlegungen und Bezeichnungen unseres Kalenders so sind, wird aber in der Regel noch nicht behandelt.

Im *5/6. Schuljahr* steht dann das Thema „Kalender" wieder auf dem Lehrplan und zwar in Zusammenhang mit der Wiederholung und Vertiefung der Größenbegriffe und dem Rechnen mit Größen sowie der Reflexion über die natürlichen Zahlen einschließlich deren Erweiterung über Million hinaus. Hier bietet sich nun auch die Gelegenheit, das Thema Kalender und den Zusammenhang unseres Kalenderrhythmus und damit zusammenhängende Begriffe mit astronomischen und kulturgeschichtlichen Gegebenheiten vertieft zu klären.

Als Hausaufgabe oder Arbeit im Computerraum können im Internet (oder auch in speziellen Büchern der Bibliothek) Informationen zum Kalender und den Festlegungen der Zeiteinheiten Jahr, Monat, Woche, Tag, Stunde gefunden werden. Im Unterricht werden diese Informationen sicherlich nicht alle zur gleichen Zeit gesucht und besprochen werden; hier seien sie aber gebündelt wiedergegeben:

- Der *Kalender* ist die Festlegung der Jahresrechnung in Jahre, deren Unterteilung in Monate mit Bestimmung der Monatslängen in Tage sowie die Wochenunterteilung. Der Begriff „Kalender" bezeichnet dabei das allgemeine Kalenderwesen, spezifische Kalendersysteme (z.B. unseren Gregorianischen Kalender) und die meist gedruckten oder in elektronischer Form erstellten Übersichten (Kalendarien), die eine Orientierung im Jahresverlauf ermöglichen (vgl. http://de.wikipedia.org/wiki/Kalender).

- Das *Wort „Kalender"* ist vom lateinischen Wort „Calendarium" abgeleitet, welches ein Verzeichnis der „Kalendae" ist, d. h. der jeweils ersten auszurufenden Tage eines Monats (ausrufen - lat. calare), da an diesen Tagen die Schulden des Vormonats zu bezahlen waren.

- *Kalendertypen*: Man unterscheidet *Mondkalender* (Lunarkalender), *Sonnenkalender* (Solarkalender) und *an das Jahr gebundene Mondkalender* bzw. *Mond-Sonnen-Kalender* (Lunisolarkalender) je nachdem, ob sich der Kalender nur am Mondzyklus oder nur am Jahresrhythmus orientiert oder beides in Verbindung bringt.

- *Mondkalender* sind die ältesten Kalender. Der Mond diente schon sehr früh als Zeitmesser vieler alter Kulturen, da die Mondphasen sehr gut in einem überschaubaren Rahmen beobachtet werden konnten. Das „Neulicht" (Erscheinen einer kleinen Mondsichel am Tag nach der Neumond-Nacht) war bei wolkenlosem Himmel immer gut zu beobachten. Die Zeitspanne zwischen zwei Neulichten wurde zu abwechselnd 29 und 30 Tagen beobachtet. Die Mondkalender richteten sich danach und bestanden abwechselnd aus einem „hohlen" Monat mit 29 Tagen und einem „vollen" Monat mit 30 Tagen. Ein Monat hat danach im Mittel 29,5 Tage.

- *Sonnenkalender* gehen auf den Jahresrhythmus, der z. B. in Ägypten durch die Nilüberschwemmungen festgestellt wurde, zurück. Die Ägypter der Antike unterteilten das Jahr in drei Jahreszeiten (Überschwemmung, Aussat, Ernte) und der Beginn der Überschwemmung wurde mit Hilfe des Sterns Sirius (hellster Stern Fixstern in Ägypten – „Sothis" genannt, was Bringer des Nils oder Erneuerung des Jahres bedeutet). Zu Beginn des alten Reiches

---

[2] Vgl. etwa Brobowski (2008), Lewe (1999) oder Stremme (2000).

[3] Themen im Zusammenhang mit dem Kalender in der Grundschule sind etwa: Monats- und Wochentagsnamen und deren Reihenfolge, Dauer der Monate, Datumsbeschreibungen, Anzahl der Tage bzw. Wochen bzw. Monate zwischen zwei Daten (etwa von heute bis zum Geburtstag oder bis Weihnachten), Jahreszeiten und Tageszeiten sowie die Uhr.

(ca. 2900 v. Chr.) entwickelte sich in Ägypten ein zentralistisches Verwaltungswesen, das u.a. einen Verwaltungskalender mit 12 Monaten zu je 30 Tagen einführte. Ein paar Jahrhunderte später wurden dann fünf Zusatztage (griech. Epagomenen) eingeführt, die den fünf Kindern (Isis, Osiris, Horus, Seth, Nephys) der Himmelsgöttin Nut gewidmet waren. Cäsar übernahm diesen Kalender von den Ägyptern, wobei er die fünf Tage und den 30. Tag des Februar auf die zwölf Monate verteilte (Julianischer Kalender). Unser heutiger Gregorianische Kalender ist eine Verfeinerung davon.

- Ein *Mond-Sonnen-Kalender* ist der jüdische Kalender. Der Monat hat im Mittel 29 Tage 12 Stunden und 44 Minuten (wobei in einem bestimmten Rhythmus ein Monat 29 bzw. 30 Tage hat). Innerhalb eines Zyklus von 19 Sonnenjahren mit 235 Mondmonaten (Metonischer Zyklus genannt) sind die Jahre 3, 6, 8, 11, 14, 17, 19 Schaltjahre mit 13 Monaten, während die anderen Jahre 12 Monate haben. Der römische Kalender in der Zeit vor Cäsar war ebenfalls eine Art Mond-Sonnen-Kalender. Von den Monaten März bis Dezember hatten vier Monate 31 Tage und sechs Monate 30 Tage. Die fehlenden 61 Tage zum Jahr wurden im Winter irgendwie ergänzt. Ab 731 v. Chr. wurden die sechs Monate mit 30 Tagen um jeweils einen Tag gekürzt und es wurde einerseits am Ende ein Monat (der Januar) mit 29 Tagen sowie andererseits danach ein Monat Februar mit 28 Tagen angehängt. Die restlichen 10 Tage des Jahres wurden mit Schalttagen ausgeglichen, und zwar alle zwei Jahre 22 Tage zusätzlich und alle vier Jahre noch ein Tag mehr (also 23 Tage zusätzlich). Danach hatte das Jahr im Mittel der Jahre $366\frac{1}{4}$ Tage. Das war gegenüber dem tropischen Jahr zwar ein Tag zu viel, aber die religiösen Festtage, die am Mondkalender orientiert waren, passten so besser.

- Das Wort „*Jahr*" taucht in verschiedenen Zusammenhängen auf (Jahreszeit, meteorologisches Jahr, Geschäftsjahr, Haushaltsjahr, Kirchenjahr, Schuljahr, Lebensjahr, Sabbatjahr, Jubeljahr etc.). Was man unter diesen Begriffen versteht, ist ein schöner kleiner Exkurs, den man mit Schülerinnen und Schülern gemeinsam bearbeiten kann. Hier wollen wir uns aber auf die astronomische Sicht beschränken. Danach bezeichnet das Jahr die Zeitspanne für einen Umlauf eines Planeten um die Sonne. Hier bietet sich ebenfalls ein kleiner Exkurs über den Vergleich der Umlaufzeiten der verschiedenen Planeten unseres Sonnensystems untereinander und in Bezug auf den Abstand von der Sonne an. Im Folgenden ist mit Jahr aber immer das Erdenjahr gemeint. Hierbei unterscheidet man wiederum drei verschiedene Festlegungen:

- *Tropisches Jahr* (auch Sonnenjahr genannt), d.h. die Zeit von der Frühlings-Tagnachtgleiche zur nächsten; also eine Umkreisung der Sonne bis der gleiche Winkel zur Sonne wieder erreicht ist. Das *Sonnenjahr bildet in der Regel die Grundlage der Kalenderrechnungen* und beträgt heuer *365,2422 Tage* (365 d + 5 h + 48 m + 46 s)[4].

- *Siderisches Jahr* (auch Sternenjahr genannt), d.h. der Umlauf um die Sonne in Bezug auf eine feste Richtung im Weltall (etwa den Fix-

---

[4] Im Folgenden kann im 5. Schuljahr mit der Angabe in Tage/Stunden/Minuten/Sekunden gerechnet werden. Sind ab 6. oder 7. Schuljahr die Dezimalzahlen bekannt, so sollte mit diesen gerechnet werden und die Umrechnung in Tage/Stunden/Minuten/Sekunden (die Sekunden sind gerundet) überprüft werden.
Bezüglich der **Genauigkeit** dieser Daten muss einmal vermerkt werden, dass wegen der Schwankungen der Erdachse (der Nutation) die Jahreslängen in rund 18 Jahren um rund 18 Sekunden hin- und herschwanken. Außerdem nimmt die Rotationsgeschwindigkeit der Erde stetig ganz leicht ab, etwa in den letzten 2000 Jahren um rund 22 Sekunden, d.h. im 21. Jahrhundert etwas mehr als 1 Sekunde (vgl. etwa http://www.nabkal.de/akzel.html). Für das 20. Jahrhundert ist ein mittlerer Wert eines tropischen Jahres von 365,24219878173 Tage berechnet worden, was umgerechnet 365 d + 5 h + 48 m + 45,9749 s ergibt. Dieser genaue Wert macht aber aufgrund der genannten Änderungen keinen Sinn, so dass nur Werte mit ganzen Sekunden bzw. Angaben von Tagen bis maximal auf die fünfte Stelle, also 365,24220 d verwendet werden sollten. Entsprechendes gilt für das siderische und das anomalische Jahr sowie astronomische Monatslängen.

stern Sirius). Das siderische Jahr (lat. Sidus = Stern) ist etwa 20 Minuten länger als das tropische Jahr, was mit der Erdrotation zu tun hat.

- *Anomalisches Jahr* (auch Bahnperiode genannt), d. h. die Zeitspanne, die zwischen zwei Periheldurchgängen der Erde auf ihrer Bahn um die Sonne (das Perihel ist der sonnennächste Punkt auf der Umlaufbahn) vergeht. Es ist etwa 5 Minuten länger als das siderische Jahr, was mit der Drehung der Erdbahn (Periheldrehung) zu tun hat.

- Das Wort „*Tag*" bezeichnet die Zeitspanne für eine Umdrehung der Erde um sich selbst (um ihre Achse). Hierbei unterscheidet man zwei verschiedene Festlegungen:
  - *Sonnentag*, d. h. die Zeitspanne einer Umdrehung der Erde bis ein bestimmter Punkt auf der Erde wieder die gleiche Richtung zur Sonne hat (in der Regel vom höchsten Stand am Mittag zum nächsten oder von Mitternacht zu Mitternacht). Der *Sonnentag bildet in der Regel die Grundlage für die Kalenderrechnung.*
  - *Sternentag*, d. h. die Umdrehungszeit in Bezug auf eine feste Richtung im Weltall. Der Sternentag ist etwa 1/365tel kürzer als der Sonnentag, da sich die Erde während einer Umdrehung um sich selbst auf ihrer Bahn um die Sonne ein wenig vorwärts bewegt hat.

- Eine *Stunde* ist 1/24tel eines Sonnentages. In der Antike und im Mittelalter wurde die Zeit von Sonnenaufgang bis Sonnenuntergang in 12 Stunden und die übrige Zeit ebenfalls in 12 Stunden unterteilt. Dadurch ergaben sich verschiedene Längen einer Stunde, die aber in südlichen Ländern nicht so groß waren. Mit dem Aufkommen mechanischer Uhren wählte man alle Stundenlängen gleich, indem die Stundenlänge auf den Tag der Frühlings-Tagnachtgleiche bezogen wurde. Die Stunde wird in *60 Minuten* und die Minute in *60 Sekunden* unterteilt, d. h. ein Tag hat 3600 Sekunden. Die Wörter „Minute" und „Sekunde" gehen auf den lateinischen Ursprung „partium minuendum primum" (der erst verminder-

te Teil) und „partium minuendum sekundum" (der zweite verminderte Teil" zurück. Die 60er-Einteilung geht auf das babylonische Zahlsystem mit einer 60er-Bündelung zurück.

- Der *Monat* ist neben Tag und Jahr für fast alle Völker eine wichtige Zeiteinheit. Im astronomischen Sinne bezeichnet der Monat die Zeit für eine Umrundung des Mondes um die Erde. Hierbei unterscheidet man drei verschiedene Festlegungen:
  - *Synodischer Monat* (auch Lunation genannt), d. h. die Zeitspanne zwischen zwei gleichen Mond Mondphasen (von der Erde aus gesehen in Hinsicht auf die Beleuchtung durch die Sonne) wie z. B. von Neumond zu Neumond. Der *synodische Monat bildet in der Regel die Grundlage für die Mondkalender. Er dauert im Mittel 29,53059 Tage (29 d + 12 h + 44 m + 3 s)*. Da die Erde sich zu verschiedenen Jahreszeiten mit unterschiedlicher Geschwindigkeit (wegen der leicht elliptischen Bahn) um die Sonne bewegt, schwankt die Lunation zwischen 29,27 und 29,83 Tagen.
  - *Siderischer Monat* (auch Sternenmonat genannt), d. h. die Umrundungszeit in Bezug auf die gleiche Richtung im Weltall (z. B. den Stern Sirius). Der siderische Monat (27,322 Tage) ist etwa zwei Tage kürzer als der synodische Monat, da die Erde (und der Mond) sich auf der Erdbahn um die Sonne weiter bewegen[5].
  - *Anomalischer Monat* (auch Monat der Mond-Bahnperiode genannt), d. h. die Zeitspanne zwischen zwei Durchgängen des Mondes durch sein Perigäum (Punkt der größten Nähe zur Erde).

- Die *Woche* hat keine astronomischen Hintergründe, sie geht auf das alte Testament zurück und ist als Zeitraum von *7 Tagen* festgelegt. In frühbabylonischer Zeit wurde der siderische

---

[5] Aufgabe: Wie viel Grad bleibt der Mond von einem Tag auf den nächsten zurück in Bezug auf den Fixsternhimmel? Auf welche Zeit summiert sich der Unterschied von synodischem und siderischem Monat in einem Jahr auf?

Monat mit 27 Tagen verwendet. Er wurde in drei „Wochen" zu je 9 Tagen unterteilt.

2 Berechnungen von Kalenderrhythmen beim julianischen und gregorianischen Kalender

Beginnen wir mit den Fragen „*Warum gibt es alle vier Jahre ein Schaltjahr? – War das immer so? – Gilt das immer?*" Schülerinnen und Schüler werden von sich aus diese Fragen stellen, wenn das Thema Kalender (aufgrund von Rechenaufgaben über Zeiten) im 5./6. Schuljahr angestoßen wird.

Wir nehmen uns dazu die Bestimmung des Jahres (Sonnenjahres[6]) mit 365,2422 Tagen bzw. (sofern Dezimalzahlen noch nicht behandelt wurden) $365\,d + 5\,h + 48\,m + 46\,s$ vor.

Aufgrund dieser gegebenen Größe wird klar, dass nach einem Jahr mit 365 Tagen die Erde noch nicht ganz den gleichen Winkel zur Sonne wieder hat. Das ist erst etwa ein Vierteltag später erreicht. Nach zwei Jahren ist es dann schon ein halber Tag und nach vier Jahren fast ein ganzer Tag. Wir rechnen etwa: $4 \cdot (5\,h + 48\,m + 46\,s) = 23\,h + 15\,m + 4\,s$. Deshalb ist es sinnvoll nach vier Jahren einen Tag (Schalttag) einzuschieben.

Aus diesem Grund führte *Julius Cäsar im Jahr 46 v. Chr.* einen neuen Kalender ein, der alle vier Jahre einen 29. Februar hat. Dieser „Julianische Kalender" löste die alten römischen Kalender, die am Mond orientiert waren und vielfach verändert wurden ab[7].

Wir stellen aber weiterhin fest, dass mit einem solchen Schalttag das nächste Jahr ($44\,m + 56\,s$) zu spät beginnt, d. h. nach diesem Kalender haben wir pro Jahr ($11\,m + 14\,s$) zu viel. Das ist zwar nicht sehr viel, aber in einem Jahrhundert sind das schon $18\,h + 44\,m$, also ungefähr ein $\frac{3}{4}$ Tag. In vielen Jahrhunderten hat sich dann dieser Überschuss aufsummiert, so dass der kalendermäßige Frühlingsanfang nicht mehr mit der Frühlings-Tagnachtgleiche übereinstimmte. Seit dem 14. Jahrhundert gab es immer wieder Versuche eine Änderung vorzunehmen bis schließlich im Jahre 1582 Papst Gregor XIII. eine Veränderung verfügte, die sich zuerst in katholischen Landen und im Laufe der nächsten Jahrhunderte über ganz Europa und dann auch über die ganze Welt verbreitete.

Und zwar verfügte *Papst Gregor im Jahr 1582* erst einmal, dass die inzwischen sich aufsummierten 10 Tage aus dem Kalender (dem sog. „Gregorianischen Kalender") gestrichen wurden, indem auf den 4. 10. 1582 gleich der 15. 10. 1582 folgte (d. h. nach dem gregorianischen Kalender sind die Daten bis zum 4. 10. 1582 die gleichen wie beim Julianischen Kalender und Kalenderdaten vom 5. 10. 1582 bis 14. 10. 1582 gibt es nach dem gregorianischen Kalender nicht. Damit sich in der Nachfolge nicht wieder Tage aufsummieren können, verfügte Papst Gregor weiterhin, dass alle

---

[6] Da für unseren und die meisten anderen Kalender das Sonnenjahr die Grundlage ist, berücksichtigen wir hier nur dieses.
Bei einer Vertiefung des Themas mit historischem Blicken, kann dann auch das siderische Jahr ins Spiel gebracht werden, das im alten Ägypten verwendet wurde. Das Verständlichmachen der Unterschiede von tropischem Jahr und siderischem Jahr sowie synodischem Monat und siderischem Monat mittels Graphiken und Modellen sollte zur Vertiefung des Themas ebenfalls dazu gehören.
[7] Der Jahresbeginn war im römischen Reich ursprünglich – wie bei vielen Völkern in der Nähe des Frühlingsbeginns – der 1. März. Deshalb gehen die Namen von Sep-

tember, Oktober, November und Dezember heute noch auf die Zahlen sieben (lat. septem), acht (lat. okto), neun (lat. novem) und zehn (lat. decem) zurück.
Im Jahre 153 v. Chr. wurde der Anfang auf den 1. Januar verlegt, weil – wie mache Historiker vermuten – man einen Aufstand am 1. März verhindern wollte. Dieser Monat erhielt den Namen nach dem Gott Janus, der der Sage nach zwei Gesichter, nach vorn und nach hinten, hat. Die Monate Februar, März, April, Juni sind dann nach römischen Göttern benannt. Der danach folgende Monat Quintilius wurde 44. v. Chr. zu Ehren Cäsars in Juli umbenannt. Später wurde der Sextilius zu Ehren des Kaisers Augustus in August umbenannt.
Die Monatslängen hat Cäsar bei seiner Kalenderreform abweichend von den astronomischen Monatslängen auf 30 und 31 Tage für März bis Januar festgelegt (wobei erst später zu Ehren des Kaisers Augustus der August wie der Juli auch 31 Tage erhielt und September bis Dezember die Anzahl wechselten). Der Februar hatte ursprünglich 23 bzw. 24 Tage plus fünf monatslose Tage.

vierhundert Jahre 3 Schalttage ausfallen ($4 \cdot \frac{3}{4} = 3$) und zwar jeweils im vollen Jahrhundert, aber nicht alle 400 Jahre. D. h. etwa die Jahre 1700, 1800, 1900 haben keinen Schalttag, während 1600 und 2000 einen Schalttag (29. Februar) haben. Das Jahr 2100 hat dann wieder keinen Schalttag.

Wir rechnen jetzt nach, ob damit der Rhythmus des Sonnenjahres getroffen wird. Ein Jahr im gregorianischen Kalender hat also $365\frac{1}{4}$ Tage $- (\frac{3}{4} : 100)$ Tag $= 365\,\mathrm{d} + 5\,\mathrm{h} + 49\,\mathrm{m} + 12\,\mathrm{s}$. Der Unterschied zum Sonnenjahr beträgt damit nur 26 s. Das gregorianische Jahr ist damit nicht genau gleich dem Sonnenjahr, aber nur 26 s zu groß (gegenüber $11\,\mathrm{m} + 14\,\mathrm{s}$ beim julianischen Jahr). Dieser Unterschied summiert sich erst in knapp 3300 Jahren zu einem Tag auf[8].

Zusatzaufgabe: a) 52 Wochen im Jahr ergeben 364 Tage, d. h. ein bestimmtes Datum (etwa Neujahr oder Heilig Abend oder der eigene Geburtstag) sind im folgenden Jahr 1 bzw. 2 Wochentage später. Man berechne, wann ein bestimmtes Datum wieder auf denselben Wochentag (z. B. Geburtstag am Sonntag) fällt. Dabei muss berücksichtigt werden, ob das Ausgangsdatum in einem Schaltjahr (vor oder nach dem 29. Februar) oder dem ersten bzw. zweiten bzw. dritten Jahr nach einem Schaltjahr liegt. Geht es um ein historisches Datum, so muss (mit dem gregorianischen Kalender) auch berücksichtigt werden, ob das Datum kurz vor dem 4. 10. 1582 oder 1700 oder 1800 oder 1900 liegt.

b) Man berechne Jahreszyklen mit Schaltjahren für einen Beobachter auf dem Mars. Das Sonnenjahr auf dem Mars beträgt 779,94 Tage ($779\,\mathrm{d} + 18\,\mathrm{h} + 57\,\mathrm{m} + 36\,\mathrm{s}$). Der Sonnentag auf dem Mars dauert etwa 24,65 Stunden ($24\,\mathrm{h} + 39\,\mathrm{m} + 40\,\mathrm{s}$).

3 Berechnungen mit Mondkalendern und dem islamischen Kalender

Der Mond wurde schon sehr früh für Kalenderfestlegungen benutzt, da einerseits seine Phasen gut sichtbar sind und andererseits die Periodenlänge nicht so groß ist wie beim Jahreskalender. Als Zeitspanne wurde ungefähr 29,5 Tage beobachtet, so dass – wie schon erwähnt – in der Regel in Mondkalendern die Monate *abwechselnd 29 Tage und 30 Tage lang sind*.

Damit ergeben 12 Monate nur 354 Tage ($12 \cdot 29,5$ Tage). Beim reinen Mondkalender beginnt daher der Anfang des 13. Monats schon 11 Tage (bzw. im Schaltjahr 12 Tage) früher im Jahr als der 1. Monat. Ein solcher reiner Mondkalender ist etwa der Islamische Kalender, der aus 12 Monaten mit abwechselnd 29 und 30 Tagen und damit einem **normalen islamischen Jahr von 354 Tagen** besteht. Die einzelnen Monate (wie etwa der erste Monat Muharram) durchwandern deshalb in drei Jahrzehnten alle Jahreszeiten. Nach 32 Jahren ist man *ungefähr* wieder am selben Jahresdatum angelangt, denn $32 \cdot 354 = 11.328$ und $31 \cdot 365 + 7 = 11.322$.[9]

---

[8] Die Durchführung der einzelnen Berechnungen zu den genannten Ergebnissen sind hier nicht aufgeführt, sie sind aber nicht trivial, da immer in 24 Tage pro Tag, 60 Minuten pro Stunde und 60 Sekunden pro Minute umgerechnet werden muss. Die Berechnungen stellen eine gute Übung für die Schülerinnen und Schüler dar. Man kann auch mit den Dezimalzahlen rechnen, dann kann sich ein leicht verändertes Ergebnis ergeben, weil hier auf Sekunden gerundet wurde (vgl. dazu Fußnote 4). Man sollte damit dann auch die genaue Zahl von Jahren ermitteln, nach denen sich die Differenz von gregorianischem Jahr zum Sonnenjahr auf einen Tag aufsummiert hat bzw. wie viel sich bis heute schon aufsummiert hat. Dazu muss man die (sekunden-)genaue aufsummierte Zeit bis zum 4. 10. 1582 wissen, wobei berücksichtigt werden muss, dass in römischer Zeit das System mit den Schaltjahren nicht immer so wie im julianischen Kalender vorgesehen durchgeführt wurde. Hierzu ist eine detaillierte Literaturrecherche notwendig. Überdies ist die Auseinandersetzung mit römischen Kalendern aus der Zeit vor 46 v. Chr. mit unterschiedlichen Angleichungen des Mondkalenders an den Jahresrhythmus ein interessantes Thema, das als Vertiefung gewählt werden kann.

---

[9] Die 7 in der Rechnung sind die Schalttage, wenn das Schaltjahr im gregorianischen Kalender in das erste, zweite oder dritte Jahr dieser Zählung fällt. Ist es erst im vierten Jahr nach Beginn der Zählung, so sind es nur 6 Schalttage. Geht darüber hinaus die Zählung über eine Jahrhundertzahl (wie 1700, 1800, 1900 oder 2100), so ist es noch ein Schalttag weniger.

Mondkalender wurden oft auch ergänzt durch 11 Schalttage bzw. einen 11tägigen Schaltmonat pro Jahr, um eine Angleichung an den jahreszeitlichen Rhythmus zu gewährleisten. Diese Tage galten dann oft als „leere Tage". In Babylon in der frühen Antike z.B. legte diese Tage jeweils der König fest. Der Monatsbeginn fiel dann in jedem Jahr natürlich in eine andere Mondphase.

Zusatzaufgabe: a) Wir lassen einen Mondkalender mit regelmäßig abwechselnd 30 Tage und 29 Tage am 1. 1. 2014 (Neumond) beginnen. Ein 12monatiger Zyklus hat also 354 Tage. Man berechne das Datum für den Beginn eines neuen 12monatigen Zyklus und die Differenz der Tage gegenüber dem 1. Januar für die Jahre 2015 bis 2045. Was passiert danach mit dem nächsten 12monatigen Zyklus? Auf welchem Datum liegt der Zyklusbeginn in den Jahren 2077 und 2109. Überprüfen Sie, ob im Jahr 2204 der Zyklusbeginn wieder der 1. Januar ist.

b) Wir nehmen wieder den obigen Mondkalender und vergleichen den Unterschied bei 1 bzw. 2 bzw. 3 solchen 12monatigen Zyklen gegenüber dem synodischen Monat. (D.h. wann ist nach 12 bzw. 24 bzw. 36 Monaten wieder Neumond?) Wann ist im Januar 2015 bzw. 2016 bzw. 2017 wieder Neumond?

c) Im *islamischen Kalender* ist eine 30jährige Periode von 19 islamischen Jahren und 11 islamischen Jahren mit einem zusätzlichen Tag (Schalttag) festgelegt, wobei die Schaltjahre jeweils im 2., 5., 7., 10., 13., 16., 18., 21., 24., 26. und 29. Jahr der Zählung des 30er-Rhythmus festgelegt sind (vgl. etwa http://de.wikipedia.org/wiki/ Schaltjahr). Der erste Monat hat immer 30 Tage. Im normalen Jahr haben alle Monate mit gerader Nummer 29 Tage. Im Schaltjahr jedoch hat der 12. Monat 30 Tage. Als Ausgangspunkt für die islamische Zeitrechnung dient der 1. Muharram des Jahres, in dem Mohammed von Mekka nach Medina ausgewandert ist. Das ist der 16. Juli 622 (nach julianischem Kalender). Entsprechend dem arabischen Wort für Auswanderung, *hidschra*, wird diese Zeitrechnung als *hidschrī*-Zeitrechnung be-

zeichnet. Wie viele Tage hat ein 30er-Zyklus im islamischen Kalender. Wie groß ist ein durchschnittliches islamisches Jahr (als Dezimalzahl bzw. in Tage/Stunden/Minuten/Sekunden)? Man berechne damit die durchschnittliche Länge eines Monats und vergleiche das Ergebnis mit der synodischen Länge eines Monats! Im Vergleich dazu: Wie viele Tage haben 29 Jahre im gregorianischen Kalender (man berücksichtige, ob das erste Jahr der Zählung ein Schaltjahr ist oder nicht)? Lag der 1. Tag des Muharram schon einmal wieder auf dem 16. Juli (nach julianischem bzw. gregorianischem Kalender)? Wie viele durchschnittliche islamische Jahre sind bis heute seit Beginn der Zählung im islamischen Kalender vergangen?

4 Ausblicke auf andere Kalender

Auf dem Kongress 1923 in Konstantinopel haben die orthodoxen Kirchen einen neuen Kalender beschlossen, der *orthodoxer Kalender* oder *neujulianischer Kalender* genannt wird. Da die russisch-orthodoxe Kirche nicht teilnehmen konnte, hat diese – sowie einige andere orthodoxen Kirchen – diesen Kalender nicht übernommen und sind beim julianischen Kalender geblieben. Der neujulianische Kalender hat zunächst wie der julianische einen Vierjahresrhythmus bezüglich des Schalttages. Wenn aber die Jahreszahl durch 100 teilbar ist, fällt der Schalttag aus. Hat die Jahreszahl aber bei Division durch 900 den Rest 200 oder 600, so findet doch ein Schalttag statt. Begonnen hat dieser Kalender im Jahr 1924 mit einem Sprung vom 9. März auf den 23. März.

Man berechne, dass sich damit eine durchschnittliche Jahreslänge von 365,242222 (365 d + 5 h + 48 m + 48 s) ergibt. Diese ist dem synodischen Jahr noch näher als diejenige beim gregorianischen Kalender. Man berechne, nach wie vielen Jahren der Unterschied von orthodoxem Jahr und synodischem Jahr (unter Berücksichtigung von Fußnote 4) einen ganzen Schalttag zu viel ergibt und vergleiche es mit der Anzahl von Jahren, nach denen der Unterschied zwischen gregorianischem bzw. julianischem Kalender und synodischem Jahr einen Schalttag zu viel ergibt.

Im *jüdischen Kalender* ist ein Mondkalender Ausgangspunkt. Sein Beginn ist die biblische Schöpfung, die – nach heutiger Rechnung – auf das Jahr 3761 v. Chr. festgelegt wurde. Die durchschnittliche Länge eines Monats ist $29\frac{1}{2}$ Tage + 793 Halakim, wobei ein Halek $3\frac{1}{3}$ s entspricht. Die Festlegung des Beginns eines Monats ist kompliziert geregelt und wird hier nicht genauer beschreiben. Die Angleichung an einen Jahreskalender geschieht durch den Metonischen Zyklus von 19 Jahren mit 235 Monaten, wobei in dem 19jährigen Zyklus jeweils das 3., 6., 8., 11., 14., 17. und 19. Jahr ein Schaltjahr mit einem Schalt*monat* ist.

Man vergewissere sich, dass ein solcher 19jähriger Zyklus wirklich 235 Monate hat. Man berechne außerdem die durchschnittliche Monatslänge in Tagen als Dezimalzahl oder/und in Tage/Stunden/Minuten/Sekunden und vergleiche dieses Ergebnis mit der Größe eines synodischen Monats. Wie viele Tage als Dezimalzahl bzw. Tage/Stunden/Minuten/Sekunden hat ein 19jähriger Zyklus (bzw. ein Jahr im Durchschnitt) und wie viele Tage als Dezimalzahl bzw. Tage/Stunden/Minuten/Sekunden haben 19 tropische Jahre (bzw. ein tropisches Jahr)? Wie groß ist der Unterschied bis heute?

Der heutige *chinesische Kalender* gilt seit dem Jahr 1645 n. Chr. und wird heutzutage nur zur Berechnung von Festen benutzt. Er ist nicht durch rechnerische Regeln festgelegt, sondern bezieht sich unmittelbar auf astronomische Ereignisse wie die Tag-Nacht-Gleichen und die Sommer-/Wintersonnenwende. Es gibt aber auch Unterteilungen des Jahres in 12 Monate, wobei der erste Tag eines Monats immer auf einen Neumond fällt. Die Wintersonnenwende muss immer im 11. Monat stattfinden, so dass von Zeit zu Zeit ein Schaltmonat eingefügt werden muss.

Im *Maya-Kalender* liegt der Tag der Schöpfung (Beginn der Zählung) im Jahr 3114 v. Chr. (nach unserer Zählung). Es wurden zwei Kalender verwendet, ein bürgerlicher mit einem langen Jahr von 365 Tagen und einer für rituelle Zwecke mit einem kurzen Jahr von 260 Tagen. Das bürgerliche Jahr bestand aus 18 Unterteilungen („Monaten") zu je 20 Tagen und 5 Tagen ohne Namen. Das kurze Jahr hatte 13 Unterteilungen („Monate") zu je 20 Tagen. Maya-Astronomen haben auch das Sonnenjahr bestimmt, und zwar sehr genau zu 365,2420 Tagen ($365\,\mathrm{d} + 5\,\mathrm{h} + 48\,\mathrm{m} + 29\,\mathrm{s}$).

5 Daten und Feste in verschiedenen Religionen und Kalendern

Im Islam richten sich die *Feste nach dem islamischen Kalender*. Da dieser ein Mondkalender ist, wandert so ein Fest (etwa wie der am meisten bekannte Ramadan) durch die verschiedenen Jahreszeiten. Im Jahr 2012 war der erste Tag des Ramadan-Festes der 19. August, im Jahr 2013 der 8. August und im Jahr 2014 der 28. Juli und im Jahr 2015 wird es der 17. Juli sein.

Da in vielen Schulklassen Schülerinnen und Schüler mit muslimischem Glauben sind, ist ein Gespräch in der Klasse über das Ramadan-Fest (an dem Muslime erst nach Sonnenuntergang etwas essen dürfen) eine gute Gelegenheit auch über den Mondkalender zu sprechen und Berechnungen damit anzustellen.

Weihnachten in den christlichen Kirchen: Seit etwa 350 wird der 1. Weihnachtstag am 25. Dezember[10] gefeiert. Die vier Sonntage davor sind dann der 1. bis 4. Advent und auf den zwölften Tag

---

[10] Im frühen zweiten Jahrhundert wurde die Kreuzigung Jesu im Zusammenhang mit dem Frühlingsbeginn gesehen und es wurde für den Kreuzigungstag der 25. März angesehen. Die Empfängnis Marias wurde auch auf dieses Datum festgelegt, so dass die Geburt Jesu (bei exakt 9monatiger Schwangerschaft) der 25. Dezember war. Nachdem 380 das Christentum zur Staatsreligion im römischen Reich geworden war, wurden viele Heiden Christen. Im Heidentum war der 21. Dezember (Wintersonnenwende) meist ein wichtiger Feiertag. Dieser wurde dann durch das christliche Weihnachtfest überlagert.

Das Geburtsdatum Jesu nach heutiger historischer Forschung, die sich auf Daten über Herodes und Saturnis, den Statthalter von Judäa, sowie den „Stern von Bethlehem" als Konjunktion der Planeten Jupiter und Saturn bezieht, kann nicht belegt werden; am wahrscheinlichsten ist aber der 1. Dezember des Jahres 7 v. Chr.

nach dem 1. Weihnachtstag ist das Fest der Heiligen drei Könige (Epiphanias) festgelegt.

Ostern in den christlichen Kirchen: Aufgrund eines Beschlusses auf dem Konzil zu Nicäa im Jahre 325 und einigen späteren Präzisierungen (vor allem 525 und 1582) liegt das Osterdatum (Ostersonntag) auf dem *Sonntag nach dem ersten Frühlingsvollmond* (bezgl. genauerer historischer Einzelheiten vgl. etwa http://de.wikipedia.org/wiki/Osterdatum). Da der Mondrhythmus mit dem Jahresrhythmus nicht im Einklang ist, wandert das Osterdatum nach der gregorianischen Reform ständig zwischen dem 22. März und 25. April. Hiervon abhängig sind weitere kirchliche Daten: Rosenmontag liegt 49 Tage vor dem Osterdatum (Ostersonntag mitgerechnet) und dementsprechend Aschermittwoch zwei Tage später, Himmelfahrt liegt 40 Tage nach dem Osterdatum, Pfingsten (griech. pentecoste hemera „fünfzigster Tag") liegt 50 Tage nach dem Osterdatum und Fronleichnam liegt 61 Tage nach dem Osterdatum.

Im Jahr 2013 lag Ostern relativ früh (31. März) während es im Jahr 2014 relativ spät (20. April) liegt.

Mit Benutzung der gegenwärtig mittleren Monatslänge von 29,53059 Tage (29 d + 12 h + 44 m + 3 s) berechne man das Osterdatum (und die damit zusammenhängenden Daten) für 2015 und 2016 und eventuell auch für 2012 und 2011. Man überprüfe damit die vereinfachte[11] sog. Gauß'sche Formel „Ostern $= 22 + d + e$", wobei die Zahl ein „Märzdatum" (ggf. in April umrechnen) ist und weil Ostern nicht auf den Frühlingsvollmond fallen darf mit 22 beginnt. Die Zahl d ist die Zahl der Tage bis zum Vollmond und e die Zahl der Tage vom Vollmond bis zum nächsten Sonntag.

Die ***russisch-orthodoxe Kirche*** regelt ihre Festtage weiterhin nach dem julianischen Kalender. Die Feste wie Weihnachten, Ostern, Pfingsten sind zwar wie in den anderen christlichen Kirchen festgelegt, das entsprechende Datum liegt später, weil

---

ja die 10 Tage von Papst Gregor im Jahr 1582 herausgenommenen Tage und die herausgenommenen Schalttage in den Jahren 1700, 1800 und 1900 im julianischen Kalender verblieben sind. Deshalb wird z. B. der erste Weihnachtstag in der russisch-orthodoxen Kirche erst am 7. Januar (gregorianischer Zeitrechnung) gefeiert. Ostern und Pfingsten werden nicht einfach 13 Tage später gefeiert, da die Festlegung vom ersten Vollmond nach dem 21. März (nach julianischem Kalender) abhängt. Manchmal fallen diese Festtage mit denen der katholischen und protestantischen Kirche zusammen, manchmal sind sie aber auch vier Wochen später. Und wenn dann der Termin mit dem jüdischen Passachfest zusammenfällt (wie im Jahr 2013), so ist der Termin sogar fünf Wochen später.

Zusatzaufgabe: Man berechne das Osterdatum der russisch-orthodoxen Kirche für die Jahre 2011 bis 2016, wobei bekannt ist, dass am 1. 1. 2014 (nach gregorianischem Kalender) ein Neumond ist.

6 Das platonische Jahr

Aufgrund der Anziehungskräfte von Sonne, Mond und Planeten und der Präzessionsbewegung der Erde bewegt sich die gesamte Ekliptik (d. h. das Planetensystem) langsam um die Sonne, und zwar entgegen der Bewegungsrichtung der Erde um die Sonne. Dieser Effekt ist schon über 2000 Jahre bekannt und eine volle Umdrehung wird als „Platonisches Jahr" oder „Großes Jahr" bezeichnet. Sie dauert etwa 25.800 Jahre bzw. 50 Bogensekunden pro Jahr. Man hatte schon im Altertum den Unterschied zwischen tropischem Jahr und siderischem Jahr festgestellt und berechnet, dass 25.641 siderische Jahre genau so lang sind wie 25.641 tropische Jahre plus 1 siderischem Jahr. In Anbetracht der Schwankungen beim Umlauf der Erde um die Sonne ergibt sich eine gewisse Unsicherheit, die Berechnungen zu 25.600 Jahren bis 25.850 Jahren für das Platonische Jahr ergeben.

---

[11] In der ausführlichen Formel wird auch die Jahreszahl unter Berücksichtigung verschiedener Rhythmen mit einbezogen.

Von Platon weiß man, dass er die Zahl 24.245 als Produkt der Primzahlen 5, 7, 11, 37 beschrieben hat. Hier liegt vermutlich der Grund dafür, dass wir das Große Jahr auch Platonisches Jahr nennen.

Aufgabe: Man berechne mit den Zahlen 25.600 und 25.800 den Drehwinkel in Bogensekunden (auf zwei Stellen hinter dem Komma). Die Sternzeichen haben in den vergangenen 5000 Jahren (seit Beginn des mesopotamischen Reiches) ihre Stellung von der Erde aus verändert. Man berechne die Anzahl der Jahre für die Verschiebung eines Sternzeichens (nach vorne). Welches Sternzeichen hat Einstein (geb. 14. März 1879) und welches Sternzeichen hätte er gehabt, wenn er zur Zeit von Pythagoras am 14. März 550 v. Chr. bzw. zur Zeit von Hammurabi am 14. März 1775 v. Chr. bzw. zur Zeit von Gilgamesch am 14. März 2775 v. Chr. geboren wäre. (Man diskutiere die Problematik von Astrologie unter diesem Gesichtspunkt.)

In der Antike hat man den Aufgang eines bestimmten Sterns mehrfach über 39 Jahre beobachtet und festgestellt, dass in diesem Zeitraum jeweils 14.245 Tage vergangen sind. Daraus ergibt sich eine durchschnittliche Länge für das siderische Jahr. Man berechne diese (als Dezimalzahl oder/und in Tagen/Stunden/Minuten/Sekunden) und vergleiche sie mit der Länge des tropischen Jahres.

7 Verwandlung von Dezimalzahlen in Zyklen von ganzen Zahlen

Wir haben gesehen, dass man die Zahl 365,25 im julianischen Kalender mit dem Rhythmus 365, 365, 365, 366 erfassen kann, während die Zahl 365,2425 im gregorianischen Kalender mit einem Zyklus von 400 solcher Zahlen beschrieben wurde. Die gerundete Monatslänge von 29,5 wurde mit dem 2er-Zyklus 29, 30 erfasst. Alle möglichen Dezimalzahlen kann man durch einen solchen Zyklus ganzer Zahlen darstellen. Wir nennen dafür einige Beispiele (wobei wir die ganzen Zahlen der

Größe nach geordnet angeben, also ihre möglichen Permutationen nicht berücksichtigen, und die natürliche Zahl vor dem Komma weglassen).

- $0,6 = 6/10 = 3/5$ ist der Mittelwert des 5er-Zyklus' mit der Summe 3, nämlich 0, 0, 1, 1, 1 oder 0, 0, 0, 1, 2.
- $0,75 = 75/100 = 3/4$ ist der Mittelwert des 4er-Zyklus' mit der Summe 3, nämlich 0, 1, 1, 1 oder 0, 0, 1, 2.
- $0,125 = 125/1000 = 1/8$ ist der Mittelwert des 8er-Zyklus' mit einer 1: 0, 0, 0, 0, 0, 0, 0, 1.
- $0,075 = 75/1000 = 3/40$ ist der Mittelwert des 40er-Zyklus' mit „1, 1, 1" oder „0, 1, 2" am Ende, während die ersten 37 Zahlen gleich 0 sind.

Auf diese Weise kann man nun jede Bruchzahl durch einen Zyklus ganzer Zahlen beschreiben. Bei irrationalen Zahlen muss man eine Annäherung durch rationale Zahlen verwenden.

8 Zeitzonen

Die Erde dreht sich in 24 Stunden um sich selbst und wird deshalb zu einer bestimmten Zeit von der Sonne unterschiedlich beschienen. Damit ergeben sich für Orte, die nicht auf einem Längengrad liegen, unterschiedliche an der Sonne orientierte Uhrzeiten. Mit Sonnenuhren (etwa an bestimmten nach Süden gerichteten Wänden) etwa hat man früher die Uhrzeit eines bestimmten Ortes festgelegt, wobei der jeweils *höchste Sonnenstand die Mittagszeit mit 12.00 Uhr* bestimmte – der Höchststand ist über das Jahr konstant. Man nennt diese Zeitfestlegung die *Lokalzeit* oder *Ortszeit*. Alle Orte, die auf dem gleichen Längengrad liegen, haben dieselbe Ortszeit.

Mit Aufkommen der Eisenbahn und Telegraphie wurde in den 1840–1860er Jahren in vielen europäischen Staaten eine für jedes Land einheitliche Zeit festgelegt, die sich an der Ortszeit der jeweiligen Hauptstadt orientierte. Bei grenzüberschreitenden Zügen gab es jedoch oft Probleme, so dass vor allem von den Bahngesellschaften eine Vereinheitlichung und Systematisierung mittels Zeitzonen, die an Längengraden orientiert sind, gefordert wurde. Einen ersten konkreten Vorschlag dazu machte ein kanadischer Eisenbahningenieur im Jahr 1879.

Nach mehreren internationalen Konferenzen wurde dann 1884 die Erde in **24 Zeitzonen** eingeteilt, entsprechend den 24 Stunden des Tages. Damit ergibt sich eine Zeitzone für 15 Längengrade ($360° : 24$). Beginnend mit der ersten Zeitzone von $-7\frac{1}{2}°$ bis $+7\frac{1}{2}°$ (und dem nullten Längengrad durch Greenwich (England) in der Mitte) ist jede Zeitzone durch den Längengrad $n \cdot 15° \pm 7\frac{1}{2}°$ ($n = 0, 1, 2, \ldots, 23$) festgelegt. Zwischen 1884 und 1918 wurde in den meisten europäischen Ländern diese Zoneneinteilung eingeführt, wobei die durch Längengrade bestimmten Grenzen überschritten wurden, sofern es sich um ein und denselben Staat handelte. In Deutschland wurde die Mitteleuropäische Zeit (MEZ) 1894 eingeführt. Dieses Zeitzonensystem mit jeweils einer Stunde Unterschied zur nächsten gilt heute auf der ganzen Welt, wobei es ein paar Ausnahmen mit einem Zeitunterschied zur benachbarten Zone von 30 Minuten (Iran, Afghanistan, Indien, Nepal, Bhutan, Thailand, Mittelaustralien, Neufundland, Suriname) gibt.

Die Datumsgrenze wurde antipodisch zum nullten Längengrad bei 180° festgelegt, d. h. wenn am nullten Grad (Weltzeit) 12.00 Uhr ist, ist zwischen dem 172,5ten Grad westlich und dem 180ten Grad 0.00 Uhr, während zwischen 172,5ten Grad östlich und dem 180ten Grad ein neuer Tag mit 0.00 Uhr begonnen hat.

In Deutschland und vielen anderen Ländern wird zwischen dem letzten Sonntag im März und dem letzten Sonntag im Oktober eine *Sommerzeit* eingeführt, die eine Stunde weiter ist als die Zeitzonenzeit. Die mitteleuropäische Sommerzeit (MESZ) etwa ist mit der (winterlichen) osteuropäischen Zeit (OEZ) identisch. Am letzten Sonntag im März wird die Zeit (ohne zeitlichen Zwischenraum) morgens von 2 Uhr auf 3 Uhr gestellt (man verliert eine Stunde) und am letzten Sonntag im Oktober wird die Zeit von 3 Uhr auf 2 Uhr zurückgestellt (man gewinnt eine Stunde). Daraus ergibt sich, dass während der Sommerzeit der Sonnenaufgang und -untergang in der Uhrzeitangabe eine Stunde später ist als in der MEZ (es bleibt abends

eine Stunde länger hell), während ab dem letzten Sonntag im Oktober es in der dann gültigen Uhrzeit) morgens eine Stunde früher heller und abends eine Stunde früher dunkel wird. Wenn in der Sommerzeit die Schule um 8 Uhr beginnt, ist die MEZ erst 7 Uhr, d. h. will man im Sommer die Ortszeit berechnen, so muss man erst eine Stunde abrechnen, um die MEZ zu berechnen, und dann muss man noch die Differenz des örtlichen Längengrades in Bezug auf 15° berücksichtigen.

Aufgabe: Man berechne die jeweiligen Zeitzonengrenzen von $n \cdot 15° \pm 7\frac{1}{2}°$ ($n = 0, 1, 2, \ldots,$ 23). Wie viele Zeitzonen gibt es in Kanada bzw. USA bzw. Russland bzw. China? Wie viel Uhr ist es in London bzw. New York bzw. San Francisco bzw. Helsinki bzw. Peking bzw. Tokio, wenn es in Berlin 8.00 Uhr (bzw. 12.00 Uhr bzw. 18.00 Uhr) ist?

Man bestimme den Unterschied der Ortszeit für Köln, Dortmund, Bielefeld, Hamburg, München, Wien, Warschau und Kapstadt gegenüber der MEZ bzw. MESZ.

9 Veränderungen von Sonne, Mond und Sternen am Himmel

Die Sonne vollzieht von einem festen Punkt auf der Erde aus gesehen an einem Tag einen fast kreisförmigen Bogen (vgl. etwa http://de.wikipedia.org/wiki/Sonnenstand)[12]. Diese *Tagbogen* genannte Kurve hängt von der Jahreszeit und der geographischen Breite des Beobachterstandortes ab. In Deutschland schwankt die Zeit zwischen Sonnenaufgang und Sonnenuntergang zwischen 8 und 16 Stunden und der Winkel der Mittagshöhe (gegenüber der Horizontalen) ist zur Wintersonnenwende etwa 16° und zur Sommer-

---

[12] Falls man keinen festen Standort einnimmt, erhält man natürlich eine andere Kurve. Interessant ist etwa die Kurve auf der Erde, wenn man mit konstanter Geschwindigkeit sich immer in Richtung der Sonne bewegt. Das ergibt keine kreisbogenähnliche Kurve. Vgl. dazu etwa Schuppar (1992).

sonnenwende etwa 64°. Genauer: Für die geographische Breite von $x°$ schwankt dieser Winkel zwischen $(90° - x° - 23,44°)$ und $(90° - x° + 23,44°)$, wobei $23,44°$ die Schiefe der Ekliptik ist.

Aufgabe: Man berechne die minimale und maximale Mittagshöhe für Helsinki, Hamburg, Bielefeld, München, Rom.

Man kann relativ genau bei Sonnenschein die Himmelsrichtungen mit einer analogen Uhr bestimmen, indem man den Stundenzeiger auf die Sonne richtet. Die Winkelhalbierende dieser Richtung und der Richtung von Uhrmitte zur 12 Uhr-Anzeige zeigt dann nach Süden. Man begründe diese Regel.

Die *Winkelgeschwindigkeit von Sonne, Mond und Sterne*, die durch die Erdrotation verursacht wird beträgt 360° in 24 Stunden, woraus sich 15°/h ergibt. Der Mond und die Sonne erscheinen von der Erde aus etwa unter einem $\frac{1}{2}°$, d. h. am Himmel bewegen sich Sonne, Mond und Sterne (mit Ausnahme der Sterne in Richtung der Erdachse, wie etwa der Polarstern) anscheinend in 2 Minuten um die Größe der Sonne bzw. des Mondes weiter.

Die Mondbahn ist gegenüber der Erdbahn um 5° versetzt, die Durchstoßpunkte durch die Erdbahnebene heißen Drachenpunkte, ihre Verbindungsstrecke ist die Knotenlinie. Sie dreht sich entgegen der Umlaufrichtung des Mondes um 360° in 18,6 Jahren.

Aufgabe: Man bestätige/begründe die obige Winkelgeschwindigkeit und die Zeit für $\frac{1}{2}°$, erweitere sie durch die Zeit von 1°, 30°, 45°, 90° und interpretiere sie für die Himmelsbeobachtung.

Die von der Erde aus zu beobachtende Winkelgeschwindigkeit des Mondes müsste eigentlich noch genauer berechnet werden, da sich der Mond aufgrund seiner Bewegung um die Erde langsamer als 15°/h bewegt, d. h. seine Bewegung um die Erde wirkt der durch die Erddrehung verursachte anscheinende Bewegung entgegen.

Mit der Winkelgeschwindigkeit des Mondes um die Erde und der mittleren Entfernung von 384.400 km von der Erde berechne man die Geschwindigkeit im Raum.

Man berechne die Drehung der Knotenlinie des Mondes in einem Jahr bzw. einem Monat.

Der *Mond* verändert seine *die Erde anleuchtende Fläche*. Bei Vollmond ist das angenähert die Fläche einer Halbkugeloberfläche; wir sehen aber in der Regel eine Kreisscheibe. Wie Wagenschein schon festgestellt hat, ist das Verhältnis der beiden Flächeninhalte 2 : 1. Gilt das auch für die anderen Mondphasen? Und vor allem wie kann man die Veränderung des Flächeninhalts vom Vollmond bis zum Neumond beschreiben?

10 Unser Sonnensystem in maßstabsgetreuen Darstellungen

Wir wollen uns nun noch unserem gesamten Planetensystem zuwenden. Im Geographieunterricht und auch in den Medien hören wir des Öfteren davon. Im Mathematikunterricht sollte man sich eine Vorstellung der Größenverhältnisse erwerben. Die Daten dazu in Tab. 1 findet man leicht in vielen Büchern (vgl. etwa Herrmann (1986)) oder auch im Internet.

Die *Sonne* hat einen Durchmesser von rund 1,4 Millionen km während die (Erden-)*Mond* einen Durchmesser von 3476 km hat und er von der Erde im Mittel 384.400 km entfernt ist.

Pluto (mit 3500 km Durchmesser, 5966 km mittlerer Entfernung zur Sonne und 247,68 Jahre Umlaufzeit) wird in älteren Büchern auch noch als Planet aufgeführt, seit 2006 gehört er aber zu den sogenannten Zwergplaneten. Andere Zwergplaneten sind etwa *Ceres* im Asteroidengürtel (mit 975 km Äquatordurchmesser, 414 Mill. km mittlere Entfernung zur Sonne und ca. 4,6 Jahre Umlaufzeit) oder *Eris* (mit ca. 2325 km Durchmesser und 10.173 Millionen km mittlerer Entfernung zur Sonne und etwa 560 Jahre Umlaufzeit) oder auch *Sedna* (mit mittlerem Durchmesser von 995 km, einer Entfernung zur Sonne zwischen 11,4 Mrd. km und 151,8 Mrd. km und einer Umlaufzeit von 4635,3 Jahren).

Tab. 1 Grundlegende Daten zu den Planeten

Planet	Durchmesser	Entfernung zur Sonne	Umlaufzeit
Merkur	4878 km	58 Millionen km	87,9 Tage
Venus	12.104 km	108 Millionen km	224,5 Tage
Erde	12.740 km	150 Millionen km	365,25 Tage
Mars	6794 km	228 Millionen km	1,88 Jahre
Jupiter	142.796 km	778 Millionen km	11,84 Jahre
Saturn	120.000 km	1432 Millionen km	29,43 Jahre
Uranus	50.800 km	2884 Millionen km	84,18 Jahre
Neptun	48.600 km	4509 Millionen km	164,56 Jahre

Tab. 2 Planetendaten im Maßstab 1 : 50 Mill.

Planet	Durchmesser im Maßstab	Entfernung zur Sonne im Maßstab
Merkur	9,89 cm	1,16 km
Venus	24,55 cm	2,16 km
Erde	25,84 cm	2,99 km
Mars	13,78 cm	4,56 km
Jupiter	289,63 cm	15,56 km
Saturn	243,39 cm	28,64 km
Uranus	103,06 cm	57,68 km
Neptun	98,57 cm	90,18 km

Der Durchmesser der Sonne ist in diesem Maßstab 2800 cm (= 28 m).

Tab. 3 Planetendaten im Maßstab 1 : 1,5 Mrd.

Planet	Durchmesser im Maßstab	Entfernung zur Sonne im Maßstab
Merkur	3,3 mm	38,7 m
Venus	8,1 mm	72,0 m
Erde	8,5 mm	99,8 m
Mars	4,5 mm	152,0 m
Jupiter	95,2 mm	518,7 m
Saturn	80,0 mm	954,7 m
Uranus	33,9 mm	1922,7 m
Neptun	32,4 mm	3006,0 m

Der Durchmesser der Sonne ist in diesem Maßstab 926,7 mm (≈ 0,93 m).

Um sich nun eine Vorstellung von den Größenverhältnisse der Sonne und ihrer Planeten (Mond und Zwergplaneten können ggf. in gesonderten Überlegungen folgen) ist es nun sinnvoll sich die Verhältnisse maßstabsgetreu verkleinert darzustellen. Dazu müssen wir uns einen passenden Maßstab suchen.

Schülerinnen und Schüler kommen vielleicht darauf, die Erde in einem solchen Maßstab darzustellen, dass sie so groß ist wie ein handelsüblicher Globus (d. h. einen Durchmesser von ca. 25 cm hat). Wir müssen also 12.740 km = 1.274.000.000 cm auf ca. 25 cm (besser 25,48 cm) verkleinern, was zu einem *Maßstab von 1 : 50 Mill.* führt. Damit erhalten wird dann Tab. 2.

Der Durchmesser der Sonne ist in diesem Maßstab 2800 cm (= 28 m).

Man stellt dabei leicht fest, dass es sich bei den Ergebnissen der Entfernungen zur Sonne um relativ große Entfernungen handelt. Auf dem Atlas kann man versuchen diese zu verstehen. Besser aber ist, dass man einen anderen Maßstab sucht. Zum Beispiel gibt es in verschiedenen Orten *Planetenwege*, auf denen man die Entfernungen zu Fuß ablaufen erleben kann. Als Maßstäbe kommen dabei 1 : 1 Mrd. oder 1 : 1,5 Mrd. oder 1 : 2 Mrd. vor. In Bielefeld haben Realschüler 2003 solch einen Planetenweg selbst erstellt mit dem Maßstab 1 : 1,5 Mrd. (vgl. http://realschule-joellenbeck.de/index.php?option=com_content&task=view&id=134&Itemid=1).

In diesem *Maßstab 1 : 1,5 Mrd.* erhält man dann die Ergebnisse in Tab. 3.

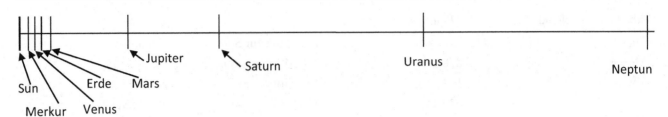

Abb. 1 Entfernungen zur Sonne im Maßstab 1:25 Bill. Dabei gilt für die Entfernung zur Sonne bei diesem Maßstab: Merkur 2,3 mm – Venus 4,3 mm – Erde 6,0 mm – Mars 9,1 mm – Jupiter 31,1 mm – Saturn 57,3 mm – Uranus 115,4 mm – Neptun 180,4 mm

Man kann sich auch etwa auf dem Sportplatz oder Schulhof einen Planetenweg erstellen, dann muss man die oben gegebenen Zahlen durch 300 oder 500 bzw. 1000 dividieren. Die Durchmesser der Planeten sind dann natürlich nur noch als Punkte wahrnehmbar.

Will man die Entfernungen zur Sonne auf ein DIN A3-Blatt bzw. DIN A4-Blatt notieren, so muss man einen Maßstab von 1 : 12 Bill. bzw. 1 : 16,5 Bill wählen und die in der obigen Tabelle gegebenen Entfernungsgrößen durch 8000 bzw. 11.000 dividieren. Auf einem in Hochformat gelegenen DIN A4-Blatt kann man mit einem Maßstab *1 : 25 Bill.* die Entfernungen zur Sonne wie in Abb. 1 darstellen.

11 Ausblick mit Weitblick

Alle bisher genannten Aspekte lassen sich natürlich noch vertiefen und verbreitern. Zum Abschluss sei nur noch kurz erwähnt, dass bei einem Blick über das Sonnensystem hinaus sich sehr große Weiten im Universum mit Sternen unserer Milchstraße, fremden Galaxien und Galaxienhaufen auftun. Eine maßstabsgetreue Darstellung der Entfernungen dazu ist nicht mehr möglich, auch nicht in einem Teilbereich. Hier hilft nur noch eine logarithmische Darstellung wie sie in Morrison (1982/85) und dem Video „ZEHN^{HOCH}" (vgl. etwa http://www.youtube.com/watch?v=SnPUx5yUkQo) angeregt wird.

Beispielhaft seien hier die folgenden Daten gegeben:

- Erdradius $\approx 6{,}4 \cdot 10^6$ m
- Mondbahnradius $\approx 3{,}8 \cdot 10^8$ m
- Entfernung Sonne $\approx 1{,}5 \cdot 10^{11}$ m
- Proxima Centauri $\approx 4 \cdot 10^{16}$ m
- Sirius $\approx 8 \cdot 10^{16}$ m
- Polarstern $\approx 4 \cdot 10^{18}$ m
- Milchstraßenzentrum $\approx 2{,}5 \cdot 10^{20}$ m
- Andromeda Galaxie $\approx 2{,}4 \cdot 10^{22}$ m
- Quasar Mark 509 $\approx 4 \cdot 10^{24}$ m
- entfernteste bis heute bekannte Galaxie $\approx 1{,}2 \cdot 10^{26}$ m.

Literatur

Böer, H.: Wieviel Tage in der Woche … – Kalenderberechnungen Impulse für das interkulturelle Lernen, Bd. Heft 2 Mathematik. RAA-Hauptstelle, Essen (1995)

Brobowski, S.: Jetzt sehe ich genau, wann ich Geburtstag habe! Praxis Grundschule **31**(5), 33–36 (2008)

Bürger, H.: Die Theorie der Sonnenuhr. Giradet, Essen (1978)

Deschauer, S.: Funktionen und Algorithmen im Julianischen und Gregorianischen Kalender. Mathematikunterricht **33**(6), 55–63 (1987)

Graßl, A.: Eine Osterregel nach dem „Immerwährenden Kalender". MNU **51**(3), 141–144 (1998)

Hartmann, M.: Der Kalender als Unterrichtsthema. Beiträge zum Mathematikunterricht, 249–252 (2000)

Heinrich, W.: Das Platonische Jahr und die Zeit. Intervedi, Trier (1999)

Herrmann, J.: Das Weltall in Zahlen. Franckh'sche Verlagshandlung, Stuttgart (1986)

Lewe, H.: Rechnen mit dem Kalender. Lösungsstrategien entwickeln. Grundschulmagazin **14**(12), 11–14 (1999)

Lichtenberg, H., Gerhards, L., Graßl, A., Zemanek, H.: Die Struktur des Gregorianischen Kalneders – anhand einer Verallgemeinerung der Gaußschen Osterformel dargestellt. Sterne Weltraum **37**(4), 326–332 (1998)

Morrison, P.: Zehn hoch: Dimensionen zwischen Quarks und Galaxien. Spektrum-der Wissenschaft-Verlagsgesellschaft, Heidelberg (1985). Original: Powers of Ten, San Francisco: Freeman 1982

Mütz, K.: Faszination Kalender, Kalender, Ewige Kalender, Kalenderuhren lesen und verstehen. Polygon Verlag, Buxheim (1996)

Oswalden, M. (1990) Wochentag und Osterdatum – im Kopf gerechnet. Teil 1: Gregorianischer Kalender, Teil 2: Julianischer Kalender. In: Wissenschaftliche Nach-richten 82 (Jan 1990) S. 41–44 und 83 (Apr. 1990), S. 40–42.

Rixeter, H.: Über unseren Kalender. Praxis Mathematik **25**(3), 78–81 (1983)

Schuppar, B.: „Der Sonn' entgegen" – Ein mathematisch-astronomisches Problem, gestellt von Arno Schmidt. Didaktik der Mathematik **20**, 89–111 (1992)

Stremme, D.: Rechnen wie die Indianer. Praxis Grund-schule **23**(2), 18–25 (2000)

Strick, H.K.: Kalenderfragen. mathematik lehren **163**, 10–11 (2010)

Zemanek, H.: Kalender und Chronologie. Bekanntes und Unbekanntes aus der Kalenderwissenschaft. Oldenbourg, München (1984)

Zumbusch, G.: Rechenmethoden zum Maya-Kalender. Mathematik in der Schule **38**(4), 228–239 (2000)

Wachsender Energiebedarf – Ökonomen fordern Ausnahmen von den Gesetzen der Thermodynamik

Ein Vorschlag, ein ernstes Thema mit etwas Humor im fächerübergreifenden Mathematikunterricht zu behandeln

Prof. Dr. Jürgen Maaß und Prof. Dr. Markus Hohenwarter

Zusammenfassung

Erfolgreiches entdeckendes Lernen kann einen großen Beitrag zur Freude an Mathematik und damit zum nachhaltigen Lernerfolg beitragen. Wir umreißen in diesem Beitrag eine Lernsituation, die aus unserer Sicht wichtige Voraussetzungen für erfolgreiches entdeckendes Lernen erfüllt: Ein interessantes Themenfeld, das für die Lernenden objektiv und subjektiv relevant ist, viel selbst zu entdeckende Mathematik, die dabei hilft, Informationen zu sammeln und spannende Fragen zum Thema zumindest teilweise zu beantworten, Methoden und Software für die richtigen Wege zu Lösungen und weiter führenden Fragen und als Belohnung für intensives Arbeiten Einsichten, die nicht schon allgemein bekannt sind. Dieser Vorschlag kann am Beginn der Sek II realisiert werden. Er lässt sich am besten mit offenen Unterrichtsformen realisieren. Einige der gefundenen Fragen zu möglichen Folgen der Erderwärmung können vielleicht die Geographie- oder Physiklehrerin beantworten, andere werden zur Zeit in umfangreichen Forschungsprojekten untersucht. Wir halten es für wichtig, dass im Mathematikunterricht nicht alle Fragen einfach beantwortet und damit abgeschlossen werden, sondern durch den Unterricht langfristige Motivation zur intensiveren Beschäftigung entsteht.

1 Vorbemerkung

J. Maaß ✉
Institut f. Didaktik der Mathematik, Johannes Kepler Universität Linz, Linz, Österreich

M. Hohenwarter
Johannes Kepler Universität Linz, Institut für Didaktik der Mathematik, Altenberger Str. 69, 4040, Linz, Österreich

Während dieser Text entstanden ist, hat es in Japan ein großes Erdbeben gegeben, das auch zu einer erneuten Krise der Stromversorgung aus Atomkraft führte. Zudem fanden in Nordafrika, an der südlichen Küste des Mittelmeeres große politische Umwälzungen statt, die zu einem massiven Anstieg

J. Maaß, H.-S. Siller (Hrsg.), *Neue Materialien für einen realitätsbezogenen Mathematikunterricht 2*, Realitätsbezüge im Mathematikunterricht, DOI 10.1007/978-3-658-05003-0_5,
© Springer Fachmedien Wiesbaden 2014

des Ölpreises führten – und als Ausweg aus der globalen Wirtschaftskrise wird allenthalben Wirtschaftswachstum propagiert, das laut Aussagen von ÖkonomInnen nur mit mehr Energienutzung erreicht werden kann. Daneben treten langfristige Überlegungen zu den Grenzen des Wachstums (Meadows et al. 1972), zu nachhaltiger Entwicklung (vgl. Agenda 21) oder der Klimakatastrophe (CO_2 und Erderwärmung) wieder etwas in den Hintergrund. All das zusammen betrachtet kann zu einer sehr pessimistischen Einschätzung der Zukunft führen, die nicht auch noch durch Dramatisierung im Mathematikunterricht verstärkt werden soll. Deshalb rahmt dieser Unterrichtsvorschlag die Situation mit etwas Humor und zielt bewusst auf konstruktive Fragen zur Perspektive.

2 Mathematikdidaktische Vorbemerkung

Die Exponentialfunktion liefert immer wieder Überraschungen, vor allem dann, wenn die x-Achse nicht nur für einen kurzen Abschnitt betrachtet wird. Das ist neben der Frage der Angemessenheit einer Modellierung der mathematische Kern dieses Unterrichtsvorschlages: Wenn Energiebedarfsprognosen ernst genommen und für einen längeren Zeitraum hochgerechnet werden, steigt nach den Gesetzen der Thermodynamik die Temperatur der Erde in wenigen Jahrhunderten gewaltig an – bis wir eine zweite Sonne im Sonnensystem haben und weit darüber hinaus. Also brauchen „wir" entweder Ausnahmen von den Gesetzen der Thermodynamik oder andere langfristige Perspektiven.

Methodisch beinhaltet der Vorschlag hauptsächlich Wege des entdeckenden Lernens: nachdem die Fragestellung platziert und verstanden ist, ergeben sich zunächst Fragen nach genauen Daten, dann Modellierungsfragen und schließlich Überlegungen zur Interpretation der Berechnungen bzw. der mit Computerunterstützung erarbeiteten und simulierten Grafiken.

Wir beginnen die Ausführungen mit zwei Exkursen, die Sie als LehrerInnen im Unterricht

unterstützen sollen. Zunächst skizzieren wir einige Hinweise zur Thermodynamik für all jene, die nicht Physik studiert haben, aber diesen Unterrichtsvorschlag ausprobieren wollen. Dann gibt es einen Abstecher ins Philosophische, der den SchülerInnen im vorgeschlagenen Unterricht und den LehrerInnen durch den in diesem Text bewusst etwas mehrdeutigen Gebrauch des Wortes „Gesetz" nahe gelegt werden soll.

3 Exkurs 1: Was Sie für diesen Beitrag über Thermodynamik wissen sollten

Seit dem 19. Jahrhundert wird ein Teilgebiet der Physik namens Thermodynamik oder Wärmelehre erforscht. Wir brauchen von all den Ergebnissen, die z. B. bei Wikipedia für uns Laien schön zusammengefasst sind (http://de.wikipedia.org/wiki/Thermodynamik), nur ganz wenig.

1. Energie wird nicht verbraucht, wie es in der Umgangssprache und in vielen Beiträgen zu Energieversorgung heißt, sondern nur umgewandelt. Im Zuge der Umwandlung von einer Energieart in eine andere gibt es immer etwas Verlust. Wenn z. B. Öl oder Kohle oder Gas in einem Kraftwerk verbrannt wird, um aus der Wärme elektrischen Strom zu erzeugen, sagt der Wirkungsgrad eines Kraftwerkes von z. B. 40 % oder 65 %, dass 40 % oder 65 % der im Kraftstoff enthaltenen chemischen Energie zu Strom wird – und der Rest wird zu Abwärme. Wenn ein Motor mit 75 % Wirkungsgrad arbeitet, wird 75 % der Energie in Bewegung und der Rest in Wärme umgewandelt. Nach vielen Umwandlungen bleibt die Energie in Form von diffuser Wärme über – die Umgebung wird etwas wärmer.

2. Die diffuse Wärme kann nicht ohne Weiteres in besser nutzbare Energie wie elektrischen Strom zurückverwandelt werden. Wenn wir die Erde samt der sie umgebenden Atmosphäre als geschlossenes System betrachten, wird sämtliche auf der Erdoberfläche genutzte Energie letztlich zu solcher diffusen Wärme, bewirkt also letztlich eine allgemeine Erwärmung an

der Erdoberfläche. Effekte durch CO_2 oder andere Gase können zusätzliche Triebhauseffekte und Erwärmungen bewirken. Wenn die Erde samt Atmosphäre als offenes System angesehen wird, das auch Wärme in den Weltraum abstrahlt, werden Modellierungen und Berechnungen offenbar komplizierter.

3. Für eine erste, bewusst vereinfachende Modellierung im Unterricht können wir also die gesamte auf der Erde von Menschen genutzte Energie summieren und so rechnen, als würde sie im Zuge der Nutzung direkt in Wärme umgewandelt. Im Zuge von Modellverfeinerungen werden dann je nach Interesse und Möglichkeit natürliche Energieumwandlungen, zeitliche Verzögerungen der Umwandlung in Wärme oder Wärmeabstrahlung in den Weltraum mit berücksichtigt. Zweifelsohne bietet es einige Diskussionsanreize, am mathematischen Modell zu sehen, wie sich eine prozentuale Abstrahlung von 1 bis 99 Prozent auswirkt oder was passiert, wenn die Abstrahlung mit quadratisch oder schneller wächst, wenn die Temperatur steigt.

4 Exkurs 2: Gesetze und ihre Allgemeingültigkeit

In diesem Beitrag wird das Wort „Gesetz" wie im Alltag in unterschiedlichem Kontext verwendet. Ein physikalisches Gesetz hat offenbar eine andere Entstehungsgeschichte wie ein Gesetz über die Einkommensteuer oder das Kommutativgesetz in der Mathematik. Wir schlagen bewusst vor, die SchülerInnen dazu anzuregen, über diese Unterschiede nachzudenken, indem wir in Anspielung auf den Eindruck aus vielen Medienberichten, dass für sehr reiche Leute offenbar andere oder gar keine Gesetze gelten, hier Ökonomen fordern lassen, dass die Gesetze der Physik für sie nicht gelten sollen. Wenn die SchülerInnen durch diese scheinbar witzige Forderung dazu kommen, den Unterschied zwischen „Gesetzen" in der Mathematik, den Naturwissenschaften und der Jurisdiktion zu erkennen, ist ein wesentliches Unterrichtsziel erreicht.

Wenn sie darüber hinaus darüber nachdenken, unter welchen Umständen es scheinbare oder tatsächliche Ausnahmen von den Gesetzen geben kann, lernen sie etwas Wichtiges, z. B. über nicht kommutative Gruppen, den Wandel des Wissens über Mechanik auf dem Weg von Newton zu Einstein, weshalb Flugzeuge gegen das Gesetz der Schwerkraft verstoßen können oder vielleicht auch etwas über Steueroasen und SteuerberaterInnen.

5 Ausgangspunkt: Wirtschaftswachstum braucht Energie!

Aus der Debatte um die Atomenergie und ihre militärische und friedliche Nutzung in der Mitte des 20. Jahrhunderts entwickelte sich auch eine allgemeine Diskussion über Energiepolitik, die durch die sogenannten Ölschocks noch intensiviert wurde. Ein zentrales Argument für den Ausbau der Atomraftwerke in dieser Diskussion hat der damalige deutsche Bundesminister für Forschung und Technologie, Hans Matthöfer, so formuliert: „Wenn wir uns Gedanken über die künftige Entwicklung der Energie- und Rohstoffpolitik in unserem Land machen, so sollten wir die enge gleichlaufende Verbindung zwischen der Entwicklung der Wirtschaftskraft eines industrialisierten Landes, seines Wirtschaftswachstums und seines Energie- und Rohstoffverbrauches im Auge haben." (Matthöfer 1976, S. 98)

Was ist eine „enge gleichlaufende Verbindung"? Die Antwort findet sich in vielen Broschüren und Verlautbarungen: Wenn wir 4 % Wirtschaftswachstum jährlich wollen, brauchen wir 4 % mehr Energie. Der damalige Vorsitzende des Vorstandes der Vereinigten Elektrizitätswerke Westfalen AG (VEW), Prof. Dr. K. Knizia, nannte in einem Interview mit dem „Handelsblatt" im Jahre 1976 sogar noch eine höhere Zahl: „Die Elektrizitätswirtschaft orientiert sich mittelfristig an Zuwachsraten von größenordnungsmäßig 5 bis 6 % pro Jahr." (Handelsblatt 1976, S. 5).

Jetzt fehlen uns nur noch einige Daten über Wirtschaftswachstum und Energieverbrauch, um zu schauen, wie die damaligen Prognosen aus heutiger Sicht aussehen. Im Bericht der International Energy Agency (2009) finden wir dazu die Angabe für den Start: weltweit wurden 1980 etwa 84 Petawattstunden (PWh) genutzt (vgl. IEA 2009, S. 74). Das sind 84 Billionen Kilowattstunden (kWh) oder 84.000.000.000.000 kWh.

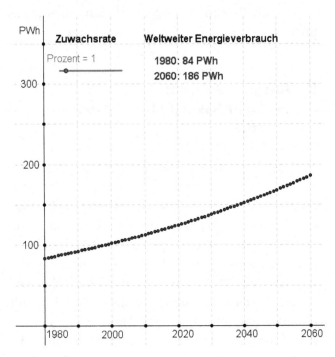

Wenn der Energiebedarf um „nur" ein Prozent jährlich wächst, sieht die Entwicklung nicht bedrohlich aus, oder? Was aber passiert, wenn es stärker wächst? Wir schauen uns die Diagramme für 5 % und 10 % an.

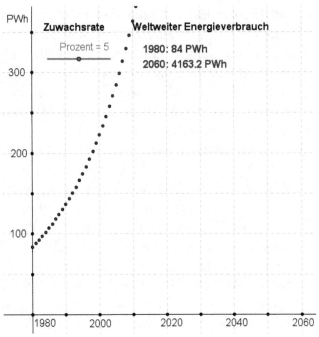

Oh, das sieht viel dynamischer aus. Der Wert im Jahr 2060 ist nicht sichtbar, aber aus der Tabelle ablesbar: 4163,2 PWh. Das ist fast das 50fache. Bevor wir mit der Schulklasse darüber debattieren, schauen wir gleich auf das 10 Prozent Schaubild:

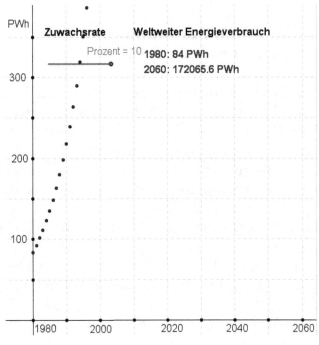

Der Wert klettert auf 172.065,6 PWh, also das 1156fache des Ausgangswertes. Auch ohne Experte oder Expertin für Klima zu sein, kommen wir – ebenso wie die SchülerInnen– schnell zu dem Schluss: Das ist offenbar zu viel. Wir können nicht einmal schätzen, wie der Wert mit dieser Steigerungsrate im Jahre 2100 oder im Jahr 3000 aussehen würde. Aber wir können es ausrechnen! Wie geht das? Der einfachste Weg ist es, die Tabelle, aus der der Graph berechnet wurde, entsprechend durch relatives Kopieren in der Tabellenkalkulation zu verlängern. Mit dem Blick auf den Wunsch, den Wert für das Jahr 3000 zu wissen, ist das aber sogar mit dem Computer mühsam oder gar unmöglich. Was nun? So wie die Multiplikation das Addieren immer derselben Zahl erleichtert, sollte es doch eine Rechenmöglichkeit geben, immer wieder denselben Prozentsatz hinzuzufügen.

Versuchen wir es einmal. *Wir empfehlen für den Schulunterricht dringend, den SchülerInnen diese Chance zum entdeckenden Lernen zu lassen. Mit etwas Hilfe oder sogar ganz allein können sie etwa folgende Schritte gehen.*

Mithilfe einer handgeschriebenen Tabelle oder einer Tabellenkalkulation berechnen wir zunächst einige Werte für den prognostizierten Energiebedarf ab 1981 nach obigem Modell:

Ausgangswert: a, z. B. 84 PWh
Steigerungsrate: p, z. B. 5 %

Wie sieht der Wert nach einem Jahr aus? In Zahlen:

Jahre	Energiebedarf
1 (1981)	$84 + (84 \cdot 5)/100 = 84 + 4,2 = 88,2$
2 (1982)	$88,2 + (88,2 \cdot 5)/100 = 88,2 + 4,4 = 92,6$
3 (1983)	$92,6 + (92,6 \cdot 5)/100 = 92,6 + 4,6 = 97,2$
usw.	usw.

Wenn wir genauer auf die Rechnungen schauen, können wir die Klammern etwas geschickter setzen:

1. Jahr (1981):

$$84 + \frac{(84 \cdot 5)}{100} = 84 \cdot \left(1 + \frac{5}{100}\right) = 84 \cdot 1,05$$
$$= 88,2$$

Das nutzen wir gleich aus, wenn wir die Formeln betrachten:

1. Jahr:

$$a_1 = a + \frac{a \cdot p}{100} = a \left(1 + \frac{p}{100}\right)$$

2. Jahr:

$$a_2 = a_1 \cdot \left(1 + \frac{p}{100}\right) = a \left(1 + \frac{p}{100}\right) \cdot \left(1 + \frac{p}{100}\right)$$

3. Jahr:

$$a_3 = a_2 \cdot \left(1 + \frac{p}{100}\right)$$
$$= a_1 \cdot \left(1 + \frac{p}{100}\right) \cdot \left(1 + \frac{p}{100}\right)$$
$$= a \left(1 + \frac{p}{100}\right) \cdot \left(1 + \frac{p}{100}\right) \cdot \left(1 + \frac{p}{100}\right)$$

Versuchen wir das jetzt geschickter und übersichtlicher zu schreiben:

3. Jahr:

$$a_3 = a \left(1 + \frac{p}{100}\right) \cdot \left(1 + \frac{p}{100}\right) \cdot \left(1 + \frac{p}{100}\right)$$
$$= a \cdot \left(1 + \frac{p}{100}\right)^3$$

n. Jahr:

$$a_n = a \cdot \left(1 + \frac{p}{100}\right)^n$$

Fein. Wie schwer es einer Schulklasse fällt, solch eine Formel selbst zu erarbeiten, hängt natürlich davon ab, wie oft sie so etwas schon geübt haben. Beim ersten Mal geht es recht schwer, mit einiger Übung besser.

Wir haben nun das Werkzeug, um unsere Fragen nach den Werten für die Jahre 2100 und 3000 bei verschiedenen Steigerungsraten direkt zu beantworten.

Wir setzen z. B. für $p = 2\%$ ein und rechnen aus:

Das Jahr 2100 ist 120 Jahre nach 1980:

$$a_{120} = 84 \cdot \left(1 + \frac{2}{100}\right)^{120} = 904{,}3\,\text{PWh}$$

Das Jahr 3000 ist 1020 Jahre nach 1980:

$$a_{1020} = 84 \cdot \left(1 + \frac{2}{100}\right)^{1020}$$
$$= 49.711.227.051{,}5\,\text{PWh}$$

Machen diese Werte überhaupt Sinn? Vergleichen wir einmal die realen Werte von 2000 und 2008 mit den Prognosen unseres Modells (vgl. IEA 2009, S. 74). Wir schauen uns hier also quasi die Umkehraufgabe an: Bei welcher Wachstumsrate würde die Prognose richtig sein? Aus dem Computerexperiment sehen wir, dass eine 2 % Wachstumsrate für die letzten 20 Jahre gut zu passen scheint.

Jahr	Weltenergieverbrauch (PWh)	Prognose mit 2 % Wachstum
1980	84	84
2000	116	124,8
2008	144	146,2

6 Methodentipp: Funktion suchen

Im Internet finden sich eine ganze Menge von empirischen Daten über die Energienutzung und das Wirtschaftswachstum der letzten Jahrzehnte. Betrachten wir das Beispiel in Abb. 1 dazu, bietet sich eine Übung zur Funktionenkunde an: Welche mathematische Funktion gibt den realen Verlauf am besten wieder?

Offenbar kommt es auf den gewählten Zeitraum und die gewünschte Genauigkeit an!

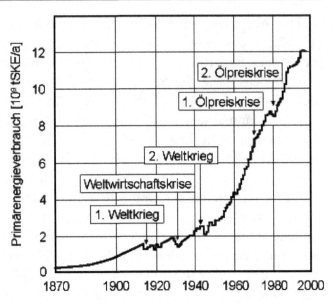

Abb. 1 Aus http://www.enercheck.de/energiekrise.html

7 Die Grenzen des Wachstums?

Wenn wir die Meldungen über Klimaveränderungen durch CO_2 verfolgen, haben wir den Eindruck, dass derzeit nicht ganz klar ist, wieviel mehr Energienutzung welche Risiken mit sich bringt. Wir wählen daher für unseren Vorschlag für den weiteren Unterrichtsverlauf bewusst zwei Grenzen aus, die weit entfernt sind und dennoch überschritten werden, wenn die Nutzung über längere Zeit exponentiell wächst. Die erste Grenze ist die Menge an Energie, die wir durch die Sonne jährlich erhalten, die zweite Grenze jene Menge an Energie, die die Sonne jährlich abstrahlt. Werte für die Grenzen erhalten wir durch gezieltes Suchen im Internet, etwa von http://de.wikipedia.org/wiki/Sonnenenergie.

1. Grenze: Sonnenenergie, die pro Jahr auf der Erdoberfläche eintrifft: 1.080.000 PWh
2. Grenze: Gesamte Sonnenenergie pro Jahr: $1{,}3 \cdot 10^{18}$ PWh

Wie können wir bestimmen, in welchem Jahr bei welcher Steigerungsrate die beiden Grenzen erreicht werden? Zunächst sollte man die SchülerInnen schätzen lassen. Dauert es 100, 1000, 1 Million Jahre bis wir diese Grenzen erreicht haben?

Danach bietet sich wieder die experimentelle Methode an. Wir zeichnen die Grenzen in einen Graphen und lassen den Computer rechnen. Dann nutzen wir die Möglichkeiten des Programms und lesen ab. Bei einer Zuwachsrate von 3 % würde der jährliche Energiebedarf der Erde im Jahr 2200 bei 56.036 PWh liegen. Die Sonneneinstrahlung auf der Erde liefert uns in diesem Jahr immerhin noch 20mal mehr Energie.

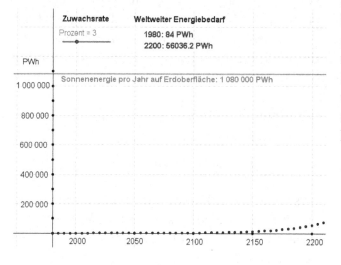

Bei einer etwas höheren Zuwachsrate von 4,5 % würde der weltweite Energiebedarf im Jahr 2200 aber schon die gesamte bei uns eintreffende Sonnenenergie übersteigen.

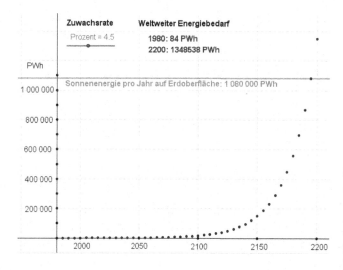

Ein entsprechendes Experiment lässt sich auch für die 2. Grenze machen, also für die gesamte von

der Sonne in einem Jahr produzierte Energie. Hier zeigt sich, dass wir bei einem jährlich um 10 % wachsenden Energiebedarf im Jahr 2300 auf der Erde mehr Energie produzieren müssten als die Sonne insgesamt hergibt. Selbst bei einem niedrigeren Wachstum von 3 % wäre diese Grenze in etwa 1000 Jahren erreicht und die Erde würde genauso heiß und hell strahlen wie unsere Sonne.

Wie könnten wir ohne Computerexperimente ausrechnen, wann diese Grenzen erreicht werden? In höheren Jahrgängen lässt sich das mittels Logarithmus beantworten. Nehmen wir dazu mit G die zu erreichende Grenze des Energiebedarfs (in PWh), mit p den jährlichen Zuwachs in Prozent und mit n die gesuchte Jahreszahl. Wir rechnen ab 1980, wobei in diesem Jahr weltweit 84 PWh Energie verbraucht wurde.

$$G \geq 84 \left(1 + \frac{p}{100}\right)^{n-1980}$$

$$\ln\left(\frac{G}{84}\right) \geq (n - 1980) \cdot \ln\left(1 + \frac{p}{100}\right)$$

$$\frac{\ln\left(\frac{G}{84}\right)}{\ln\left(1 + \frac{p}{100}\right)} + 1980 \geq n$$

Überprüfen wir unsere Formel durch Vergleich mit unserem obigen Experiment. Wann übersteigt der Energiebedarf bei 4,5 % jährlichem Wachstum die gesamte bei uns eintreffende Sonnenenergie?

$$\frac{\ln\left(\frac{1.080.000}{84}\right)}{\ln\left(1 + \frac{4,5}{100}\right)} + 1980 = 2194,96 \geq n$$

Das ist also im Jahr 2195 der Fall. Aus dem grafischen Experiment hatten wir ca. 2200 abgelesen.

8   Interpretation

Bevor wir über Energie und Wirtschaft diskutieren, lenken wir den Blick auf eine mathematische Frage: Wie genau sind die Prognosen? Spielt es eine Rolle, ob Grenze 1 oder Grenze 2 am 1.2. oder am 2.2. eines Jahres in absehbarer Zukunft überschritten wird? Offenbar nicht. Das zentrale

Ergebnis der Berechnungen mit dem noch sehr einfachen Modell zur Zukunft der Energienutzung ist, wie schnell die von Menschen verursachte Energienutzung alle Grenzen überschreitet. 200 oder 300 Jahre ist zwar sicher mehr als unsere Lebensspanne, aber nicht so weit in der Zukunft. Zudem sind unsere Grenzen für die Modellrechnung ja extra so extrem angesetzt, dass sicher schon lange vor Erreichen dieser Grenzen die Lebensbedingungen auf der Erde sehr viel schlechter werden. Leicht nachrechnen lässt sich, dass auch bescheidenere jährliche Wachstumsraten von 1 % oder 2 % das Problem „nur" zeitlich hinauszögern.

Betrachten wir das Ergebnis der Modellrechnung aus energiepolitischer Sicht, wird schon bald deutlich, dass so viel Energie, wie für dieses Wachstum benötigt, mit derzeitigen Energieträgern und Kraftwerken nicht bereitgestellt werden kann. Wer der Frage genauer nachgehen will, welcher Energieträger (also etwa Kohle, Erdöl oder Uran) welches Gesamtnutzungspotenzial bietet, kommt schnell zu dem Schluss, dass auch bei sehr optimistischen Annahmen über die Reichdauer solch ein exponentielles Wachstum wie gefordert nicht möglich ist. Wir brauchen also als Stütze für unsere Modellrechnung ein Antimaterie – Superkraftwerk aus dem Reich der Science Fiction, das jeden Müll nach der berühmten Formel $E = mc^2$ vollständig in Energie wandelt.

Das Bedrohliche an unserer kleinen Modellrechnung ist, dass selbst mit einem solchen Wunderkraftwerk die Energieprobleme nicht gelöst sind. Irgendwann in naher Zukunft wird es einfach zu warm, wenn es mit Wirtschaftswachstum und gesteigerter Energienutzung weiter geht wie bisher. „Gesetze" der Ökonomie (wir brauchen Wirtschaftswachstum und Wirtschaftswachstum braucht Energie) treten mit denen der Physik in einen vielleicht nicht lösbaren Konflikt. Kann die Ökonomie eine Ausnahmeregelung erreichen?

Eine Idee dazu könnte die Wärmeabstrahlung sein. Wenn die Erde all die überflüssige Restwärme ins All abstrahlt, ist dem Wachstum keine Grenze gesetzt. Selbstverständlich können wir im Mathematikunterricht nicht die sehr komplexen Modellierungen zum Klimawandel nachvoll-

ziehen, die derzeit in großen Forschungszentren entwickelt und getestet werden. Aber wir können mit Softwareunterstützung und etwas Lernbereitschaft in Sachen „Funktionen" Überlegungen dazu anstellen, wie eine solche Abstrahlung wirken müsste.

Ausgangspunkt ist eine unserer Modellrechnungen zum exponentiellen Wachstum der Energienutzung, etwa jene mit sehr moderatem Wachstum von 0,5 % jährlich. Dann hilft uns der Computer, den Effekt von verschiedenen „Abstrahl-Funktionen" zu sehen. Hier ist wieder viel Raum für entdeckendes Lernen. Arbeitsgruppen von SchülerInnen können in den gemeinsamen Ansatz

Energie, die auf der Erde bleibt

= exponentiell wachsende genutzte Energie

− Abstrahl-Funktion

verschiedene Funktionen(typen) einsetzen und beobachten, welchen Effekt sie haben. Was bewirken lineare Funktionen, Polynome, etc. als „Abstrahl-Funktionen"?

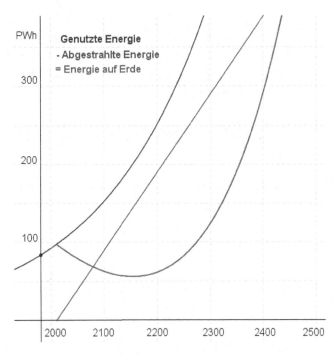

In der Abbildung sehen wir den Effekt, wenn wir ein lineares Wachstum der abgestrahlten Energie annehmen. Für einige Zeit können wir damit

Tab. 1 Übersicht

Zeit	Inhalt	Methodische Vorschläge	Benötigtes Material
1. Stunde	Einführung in die Thematik „Energieverbrauch"; Analysieren von Grafiken und Tabellen	SchülerInnen schätzen qualitativ, wie sich Energieverbrauch in den letzten 20 Jahren entwickelt hat. Diskussion im Plenum	Vorgegebene Grafiken und Daten zum Energieverbrauch und/oder Recherche im Internet
2. Stunde	Modellbildung: jährlicher Zuwachs des Energieverbrauchs	Berechnung einiger Werte für den prognostizierten Energiebedarf, Visualisierung als Grafik. Erarbeitung der Formel für exponentielles Wachstum	evtl. Tabellenkalkulation, z. B. GeoGebra
3. Stunde	Grenzen des Wachstums	Diskussion und Experimente, wann Sonnenenergie nicht mehr ausreichen würde. In höheren Klassen auch Berechnung mit Logarithmus	evtl. Tabellenkalkulation, z. B. GeoGebra
4. Stunde	Abstrahl-Funktionen	Vergleich des Wachstums von verschiedenen Funktionstypen. Abschließende Reflexion des Themas	Funktionenplotter, z. B. GeoGebra

die auf der Erde verbleibende Energie in den Griff kriegen, sie sinkt sogar. Auf lange Sicht wird damit das Problem aber nicht gelöst.

Selbst wenn wir eine Polynomfunktion (z. B. Grad 2, 3, 4, etc.) für die Abstrahl-Funktion verwenden, ändert sich das Bild nicht wirklich. Es sieht zwar zunächst so aus, als ob damit die genutzte Energie kompensiert werden könnte, aber in Wahrheit wird das Problem nur in die Zukunft verschoben.

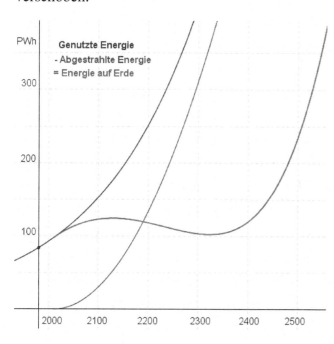

Offenbar muss auch exponentiell abgestrahlt werden, damit es wirklich hilft. Hier haben wir

wieder eine gute Frage an die Physik: Gibt es eine „Abstrahl-Funktion" für die diffuse Wärme, die nach den Gesetzen der Thermodynamik durch menschliche Energienutzung entsteht?

Binswanger u.a. haben schon 1979 auf die Frage hingewiesen und sie so beantwortet: „Die Erfahrung zeigt, dass langfristig dem exponentiellen Wirtschaftswachstum und dem überexponentiell zunehmenden Verzehr an Umwelt kein wirksamer Bremsfaktor entgegensteht." (Binswanger u.a. 1979, S. 43) Ihr Vorschlag, der „Wohlstandsfalle" zu entkommen, zielt auf ein bewusstes Bremsen des Wirtschaftswachstums und wirft wiederum eine Vielzahl von nicht nur in der Schulklasse diskutierenswerten Fragen auf.

9　Fazit

Ein Mathematikunterricht, in dem die SchülerInnen dabei unterstützt werden, mit Hilfe mathematischer Berechnungen mehr oder weniger intelligente Fragen an die KollegInnen aus anderen Fachgebieten zu stellen, ist sicher ungewöhnlich. Ganz neu für viele MathematiklehrerInnen dürfte dabei das geänderte Rollenverständnis sein: Üblicherweise beantwortet der Mathematiklehrer bzw. die Mathematiklehrerin alle Fragen vollständig (wenn es die Zeit erlaubt) und korrekt. Hier stoßen die SchülerInnen mit Hilfe ihrer Modellrechnungen auf Fragen, die ihnen derzeit vielleicht niemand auf der Erde beantworten kann – die aber durchaus relevant für die Zukunft sind. Damit diese Rolle von Mathematik, die bekanntlich historisch sehr viel zur Entwicklung der Naturwissenschaften beigetragen hat (wir erinnern an die Entdeckung von Planeten, Kepler'schen Gesetzen, der Relativitätstheorie, den Bau der Atombombe und vieles mehr), von den SchülerInnen erkannt wird, sollte auf diese Rolle der Mathematik in einer abschließenden Reflexion der Unterrichtseinheit eingegangen werden.

Literatur

Binswanger, H.C., Geissberger, W., Ginsburg, T.: Wege aus der Wohlstandsfalle. Fischer Verlag, Frankfurt (1979)

Knizia, K.: Zuviel Strom? In: Handelsblatt: Kernenergie kontrovers. Zentrale Fragen – aktuelle Antworten, Broschüre. Verlag für Wirtschaftsinformation, Düsseldorf – Frankfurt (1976)

International Energy Agency (IEA): World Energy Outlook 2009 (2009). http://www.iea.org/textbase/nppdf/free/2009/weo2009.pdf

Matthöfer, H.: Interviews und Gespräche zur Kernenergie. – „Den unsterblichen Tiger am Schwanz gepackt!". Verlag c.f. müller, Karlsruhe (1976)

Meadows, D.L., et al.: Club of Rome – The Limits To Growth (1972). deutsch: Die Grenzen des Wachstums. Bericht des Club of Rome zur Lage der Menschheit, rororo TB 1973

Energieeinheitenumrechner: http://www.energyagency.at/energien-in-zahlen/energieeinheitenrechner.html

Modellierung marktwirtschaftlicher Vorgänge in der Analysis

Dr. Henrik Kratz

Zusammenfassung

Extremwertaufgaben in der Analysis zum Themenbereich Wirtschaft beschränken sich in der Regel auf Zielfunktionen, die von einer Variablen abhängen: Eine Firma möchte einen Gewinn maximieren, der von der verkauften Stückzahl abhängt. In der Realität hängen Gewinnfunktionen aber von vielen weiteren Größen ab, insbesondere auch vom Verhalten anderer Firmen am Markt. Der Beitrag stellt eine Möglichkeit vor, Ideen der Nash-Theorie aufzugreifen und als erste Erweiterung die Situation zweier konkurrierender Firmen zu untersuchen. Dabei ergeben sich Zielfunktionen mit zwei Variablen, die zunächst experimentell mit Hilfe eines Delphi-Programms erforscht werden. Dies führt zu Fragestellungen, die auf spannende Weise die Fächer Mathematik und Politik und Wirtschaft verbinden.

1 Aspekte der Wirtschaftsmathematik in der Analysis

Die Wirtschaftsmathematik fragt nach Minima und Maxima verschiedener Funktionen: Kostenfunktionen, Umsatzfunktionen und Gewinnfunktionen. Fragestellungen dieser Art können beinahe mühelos in den Analysisunterricht eingebracht werden, indem die Schülerinnen und Schüler gedanklich in die Rolle einer produzierenden Firma schlüpfen und deren Überlegungen nachvollziehen. Auftakt kann die sehr offene Frage sein: „Was ist für eine Firma wichtig, die das Produkt herstellen und verkaufen möchte?". Dabei lassen sich aus dem marktwirtschaftlichen Ansatz wesentliche Begriffe der Analysis motivieren. Beispielsweise sind Kostenfunktionen in der Regel monoton steigend, bei einer Gewinnfunktion sind natürlich die Maxima interessant etc.

Das einfachste Modell zur Nachbildung marktwirtschaftlicher Mechanismen besteht in der Annahme eines linearen Zusammenhangs zwischen der Nachfrage (als verkaufbare Stückzahl) und dem Preis x, den eine Firma für ihr Produkt verlangt. Bei einer sogenannten Grundnachfrage von 70 Exemplaren für ein bestimmtes Produkt könnte

H. Kratz ✉
Ober den Birken 53, 61440, Oberursel, Deutschland

J. Maaß, H.-S. Siller (Hrsg.), *Neue Materialien für einen realitätsbezogenen Mathematikunterricht 2*,
Realitätsbezüge im Mathematikunterricht, DOI 10.1007/978-3-658-05003-0_6,
© Springer Fachmedien Wiesbaden 2014

als Nachfragefunktion dann formuliert werden

$$f(x) = 70 - x \, .$$

Nimmt man weiter bestimmte Herstellungskosten an, zum Beispiel 20 Euro pro produziertem Exemplar, erhält man eine quadratische Gewinnfunktion

$$g(x) = (x - 20) \cdot (70 - x) \, ,$$

deren Maximum bei einem Preis von $x = 45$ liegt.

Der nächste Schritt zu einer realistischen Nachbildung marktwirtschaftlicher Vorgänge besteht darin, nicht nur von einer Firma auszugehen, sondern eine oder mehrere weitere Firmen hinzuzunehmen, die ein vergleichbares Produkt anbieten und in Konkurrenz zur ersten Firma stehen. Dies bildet den Ausgangspunkt für die fächerübergreifende Unterrichtseinheit, die hier vorgestellt werden soll. Sie bezieht die Fächer Mathematik, Politik und Wirtschaft und eventuell auch Informatik mit ein. Für den Analysisunterricht führt dies in einer natürlichen Weise zur Untersuchung von Funktionen mehrerer Veränderlicher bzw. von Funktionenscharen.

2 Die Ideen von Adam Smith

Für den Anfang der Unterrichtssequenz bietet sich eine Auseinandersetzung mit den Ideen von Adam Smith an. Dazu dienen die folgenden Aufgaben.

Aufgaben
a) Lesen Sie die folgende Zusammenfassung der Grundgedanken von Adam Smith, der als Gründungsvater der modernen Ökonomie gilt. Ziehen Sie bei Unklarheiten weitere Quellen zu Adam Smith hinzu.
b) Diskutieren Sie mit Ihren Nachbarn, inwieweit diese Grundgedanken Ihrer Meinung nach für die heutige Marktwirtschaft Gültigkeit besitzen. Gehen Sie insbeson-

dere auf die Begriffe, *natürlicher Preis, Marktpreis* und *unsichtbare Hand* ein.
Quelle: http://de.wikipedia.org/wiki/Adam_Smith, letzter Zugriff, 4.2.10

Zu Smiths Zeiten gab es die Ökonomie als **Wissenschaft** im heutigen Sinn noch nicht. So ist es nicht verwunderlich, dass Smith als *Moralphilosoph* aus heutiger Sicht auf einem fachfremden Gebiet arbeitete, als er seine Arbeiten zur Ökonomie verfasste. Eine der Kernfragen der **Ethik**, der sich Smith als *Moralphilosoph* auch widmete, lautet: „Was ist bedeutsamer: das allgemeine, gesellschaftliche **Glück** oder das persönliche, individuelle Glück?". Smith bearbeitete sie im *Wohlstand der Nationen*, indem er mit empirischen Schlussfolgerungen arbeitet. Seine Folgerung: Das allgemeine, gesellschaftliche Glück werde maximiert, indem jedes **Individuum** im Rahmen seiner *ethischen Gefühle* versucht, sein persönliches Glück zu erhöhen.

Besonders populär geworden ist der von Adam Smith geprägte Begriff der **unsichtbaren Hand**. Smith benutzt diese Metapher im *Wohlstand der Nationen* nur an einer Stelle, und zwar in einem Kapitel über Handelsbeschränkungen. Er zeigt dort, dass der Einzelne gerade dadurch, dass er aus Eigeninteresse anstrebt seine eigene Produktivität und Erträge zu erhöhen, das Interesse der Gesellschaft nachhaltiger fördert, als wenn er dieses direkt beabsichtigt hätte: *Er wird in diesem wie auch in vielen anderen Fällen von einer unsichtbaren Hand geleitet, um einen Zweck zu fördern, den zu erfüllen er in keiner Weise beabsichtigt hat.* (viertes Buch, Kap. 2)

Den Mechanismus der Preisbildung erklärt Smith im *Wohlstand der Nationen, Erstes Buch, Kapitel 7.* Er unterscheidet zwischen dem *natürlichen Preis* und dem tatsächlich gezahlten Preis, dem *Marktpreis*. Er geht dabei davon aus, dass in jeder Gesellschaft übliche oder *natürliche* Sätze für den Arbeitslohn, den Kapitalgewinn und die Grundrente existieren. *Eine Ware wird dann zu dem verkauft, was man als ihren natürlichen Preis bezeichnet, wenn der Preis genau dem Betrag entspricht, der ausreicht, um nach den natürlichen Sätzen die Grundrente, den Arbeitslohn und den Kapitalgewinn zu bezahlen, welche anfallen, wenn das Produkt erzeugt, verarbeitet und zum Markt gebracht wird.* Unter dem *Marktpreis* versteht Smith *den tatsächlichen Preis, zu dem eine Ware gewöhnlich verkauft wird, ... Er kann entweder höher oder niedriger als der natürliche Preis oder ihm genau gleich sein.* Liegt der Marktpreis über dem natürlichen Preis, wird sich das Angebot vergrößern, da sich die Herstellung dieser Ware lohnt. Liegt er hingegen darunter, dann reicht er nicht aus um den für die Herstellung der Ware nötigen Arbeitslohn, Kapitalgewinn oder Grundrente nach den natürlichen Sätzen zu decken. Das Selbstinteresse der einzelnen Arbeiter, Geschäftsleute und Grundbesitzer sorgt dafür, dass im ersten Fall das Angebot erhöht und im zweiten Fall vermindert wird. Ein überhöhter Marktpreis vergrößert das Angebot, wodurch der Marktpreis sinkt. Ein zu niedriger Marktpreis vermindert das Angebot, wodurch der Marktpreis steigt. *Aus diesem Grund ist der natürliche Preis gleichsam der zentrale, auf den die Preise aller Güter ständig hinstreben.* Dieser Mechanismus wird üblicherweise mit der *unsichtbaren Hand* des Marktes umschrieben, wobei Smith selbst die Metapher von der *unsichtbaren Hand* an anderer Stelle im ***Wohlstand der Nationen*** verwendete.

Den freien Wettbewerb behindernde Monopole und Kartelle hielt Smith für besonders schädlich. Berühmt ist die Stelle im ***Wohlstand der Nationen***: *Geschäftsleute des gleichen Gewerbes kommen selten, selbst zu Festen und zu Zerstreuungen, zusammen, ohne dass das Gespräch in einer Verschwörung gegen die Öffentlichkeit endet oder irgendein*

Plan ausgeheckt wird, wie man die Preise erhöhen kann. (erstes Buch, Kapitel 10).

3 Simulation der Marktsituation bei zwei Anbietern

Als Einstieg in die mathematische Beschäftigung mit der Marktsituation bei zwei Anbietern erhalten die Schülerinnen und Schülern ein Simulationsprogramm, das in Delphi (siehe Kratz (2009)) oder auch mit anderer Software programmiert werden kann. Bei der Einbeziehung des Faches Informatik können Schülerinnen und Schüler des Informatikkurses dieses Programm sogar für ihre Mitschüler schreiben.

Das Programm basiert auf Ideen des Spieltheoretikers John F. Nash junior, dem 1994 für seine Arbeiten der Nobelpreis für Wirtschaftswisssenschaften verliehen wurde. Der Film „A Beautiful Mind" aus dem Jahre 2002 stellt das Leben von Nash dar und kann ebenfalls in die fächerübergreifende Einheit einbezogen werden. Wegen des Bezugs zur Spieltheorie werden die beiden Anbieter des Produkts im Folgenden auch Spieler und das Simulationsprogramm Nash-Spiel genannt.

Für das Delphi-Programm wird für den ersten Spieler die Nachfragefunktion $f(x, y) = 70 - x + 0{,}5y$ (vgl. Carmesin (2004)) verwendet, die die Anzahl der von Spieler 1 verkauften Exemplare angibt. Dabei sind x bzw. y die Preise, die der erste bzw. zweite Spieler festlegen. 70 Exemplare bilden die so genannte Grundnachfrage. Aufgrund der Herstellungskosten von 20 Euro ergibt sich als Gewinnfunktion $g(x, y) = (70 - x + 0{,}5y) \cdot (x - 20)$. Bei den analogen Nachfrage- bzw. Gewinnfunktionen des zweiten Spielers sind die Variablen x und y vertauscht. Im Laufe der Einheit werden die Schülerinnen und Schüler sich auch damit auseinandersetzen, warum diese Struktur der Nachfragefunktion sinnvoll ist, warum etwa x im Term $f(x, y)$ ein negatives und y ein positives Vorzeichen besitzt (vgl. Abschn. 5).

Zu Beginn der Einheit wird den Schülerinnen und Schülern das Nash-Spiel aber als black box präsentiert, das heißt sie kennen noch nicht die zugrunde liegenden Funktionen. Das Delphi-Programm und die Eingabemaske unten wurden von Frau Margitta Pringal entwickelt (siehe Abb. 1). Die Eingabemaske ist so aufgebaut, dass die beiden Spieler in der ersten bzw. zweiten Spalte ihren aktuellen Preis eintragen können. Nach der Eingabe der beiden Preise gibt das Programm dann in den letzten vier Spalten die Werte der oben genannten Nachfrage- und Gewinnfunktionen an. Gleichzeitig werden die Preise graphisch dargestellt. In der Abb. 1 haben die beiden Spieler schon achtmal Preise festgelegt.

Zum Programm erhalten die Schülerinnen und Schülern folgende Erläuterung:

Mit dem Nash-Spiel können marktwirtschaftliche Prozesse veranschaulicht werden. Beide Spieler bieten ein bestimmtes Produkt an, dessen Herstellung 20 Euro kostet. Nachdem jeder Spieler einen Anfangspreis für sein Produkt festgelegt hat, wird die erste Berechnung durchgeführt. Sie zeigt, wie viele Exemplare die beiden Spieler bei diesen Preisen verkaufen und welchen Gewinn sie erzielen würden. Nach Eingabe der neuen Preise wird die Berechnung wiederholt usw.

Anschließend erhalten die Schülerinnen und Schüler folgende Aufgaben für eine Partnerarbeit am PC:

Aufgaben:

1. Sie sollen das Nash-Spiel mehrmals mit den verschiedenen Strategien A, B und C spielen, die unten beschrieben werden. Ein Spielabschnitt besteht darin, dass nach Festlegung der Anfangspreise Spieler 1 seinen Preis so lange verändern darf, bis sein Gewinn maximiert ist. In dieser Zeit bleibt der Preis des Spielers 2 unverändert. Während der nächsten Runden hat Spieler 2 dann die Gelegenheit (bei dem festen neuen Preis des Spielers 1) seinen Preis solange zu verändern, bis sein Gewinn wiederum maximiert ist.

   Beobachten Sie in der Tabelle und im Graphen, wie sich die Preise entwickeln.

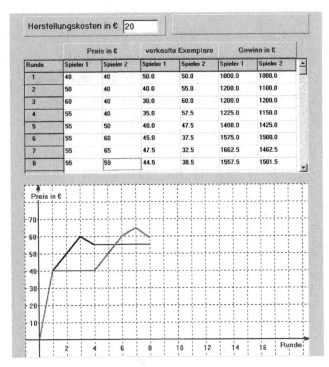

Herstellungskosten in € 20						
	Preis in €		verkaufte Exemplare		Gewinn in €	
Runde	Spieler 1	Spieler 2	Spieler 1	Spieler 2	Spieler 1	Spieler 2
1	40	40	50.0	50.0	1000.0	1000.0
2	50	40	40.0	55.0	1200.0	1100.0
3	60	40	30.0	60.0	1200.0	1200.0
4	55	40	35.0	57.5	1225.0	1150.0
5	55	50	40.0	47.5	1400.0	1425.0
6	55	60	45.0	37.5	1575.0	1500.0
7	55	65	47.5	32.5	1662.5	1462.5
8	55	59	44.5	38.5	1557.5	1501.5

Abb. 1 Das Nash-Spiel

Strategie A) (reine Marktwirtschaft): Sie versuchen durch die Preisänderung Ihren Gewinn zu erhöhen, der Gewinn des anderen ist ihnen gleichgültig (wobei es Ihnen auch egal ist, ob Sie mehr oder weniger als der andere haben). Spielen Sie das Spiel einmal mit Anfangspreisen von 40 Euro für jeden Spieler und einmal mit Anfangspreise für jeden Spieler, die Sie selbst festlegen.

Strategie B) (Preisbindung): Die Firma von Spieler 1 gehört einer gemeinnützigen Stiftung und ist verpflichtet, das Produkt zu einem festen geringen Preis von 30 Euro (40 Euro) anzubieten. Bei welchem Preis erzielt Spieler 2 den größten Gewinn?

Strategie C) (Kartell) Sie dürfen sich mit dem anderen Spieler absprechen und versuchen den Gesamt-Gewinn zu maximieren (Preiserhöhungen und -erniedrigungen können beliebig vorgenommen werden).

2. Beschreiben Sie Ihre Beobachtungen und Ergebnisse bei den jeweiligen Strategien.

3. Welche Funktion $f(x, y)$ legt die Anzahl der verkauften Exemplare von Spieler 1 in Abhän-

gigkeit des Preises x von Spieler 1 und des Preises y von Spieler 2 fest?

4 Ergebnisse der Simulationen

In der Tab. 1 ist die Entwicklung der Preise bei Strategie A dargestellt. Nach anfänglich noch größeren Bewegungen pendeln sich die Preise sehr schnell bei 60 Euro für jeden Spieler ein. Der Gewinn liegt dann bei beiden Spielern bei 1600 Euro. Für die Schülerinnen und Schüler ist es zunächst sehr überraschend, dass sich dieses Einpendeln auch bei beliebigen anderen von ihnen gewählten Preisen einstellt. Tabelle 2 zeigt ein Beispiel für Anfangspreise von 90 und 70 Euro. Damit zeigt das Nash-Spiel tatsächlich ein Verhalten, das Adam Smith als Eingreifen einer *unsichtbaren Hand* beschrieben hat. Bei Preisen von 60 Euro von beiden Spielern kann kein Spieler durch eine einseitige Veränderung seines Preises einen weiteren Vorteil erzielen. Dieser Zustand wird als Nash-Gleichgewicht bezeichnet. Um das Nash-Gleichgewicht zu illustrieren, können im Unterricht ergänzend auch qualitative Beispiele diskutiert werden, die auf ein Nash-Gleichgewicht führen, etwa das berühmte Gefangenendilemma (siehe z.B. Kratz (2009)). Weiter ist für die Schülerinnen und Schüler überraschend, dass in der Kartellsituation C, in der die Preise abgesprochen werden dürfen, höhere Gewinne als 1600 Euro möglich sind. Bei Preisen von jeweils 80 Euro für beide Spieler erzielt jeder einen Gewinn von 1800 Euro. Der Gesamtgewinn von 3600 Euro ist dann maximal. Im Gegensatz zum Nash-Gleichgewicht kann aber jeder Spieler durch ein Abweichen von 80 Euro seinen Gewinn vergrößern, der Zustand ist instabil.

Dieses Ergebnis steht nun im Widerspruch zur Grundannahme von Adam Smith, dass die Marktmechanismen garantieren, dass die konsequente Verfolgung der eigenen Interessen langfristig das Wohl aller maximiert. In diesem Fall erzielen die beiden Spieler nicht den optimalen Profit, wenn jeder nur auf seinen eigenen Profit achtet.

Tab. 1 Entwicklung der Spielerpreise

Spielabschnitt	Preis Spieler 1	Preis Spieler 2
1	40	40
2	55	40
3	55	58,75
4	59,6	58,75
5	59,6	59,9
6	60,0	59,9
7	60,0	60,0
8	60,0	60,0

Tab. 2 Das Nash-Gleichgewicht stellt sich bei beliebigen Anfangspreisen ein.

Spielabschnitt	Preis Spieler 1	Preis Spieler 2
1	90,0	70,0
2	62,5	70,0
3	62,5	60,6
4	60,1	60,6
5	60,1	60,0
6	60,0	60,0

Neuere Wirtschaftstheorien bezeichnen das Nash-Gleichgewicht deshalb auch als Marktversagen. Für Schülerinnen und Schüler ist es allerdings zunächst schwierig, dass bei dieser Deutung die Käufer als Akteure ausgespart werden. Für die Käufer ist das Nash-Gleichgewicht ja günstiger als die Preise von 80 Euro, bei denen die Anbieter in der Kartellsituation den größten Gewinn erzielen. Hier hilft der Hinweis, dass beim Nash-Spiel als spezieller Modellierung des Marktgeschehens die Käufer selbst keine frei Handelnden sind. Die verkauften Stückzahlen werden durch eine Funktion, also deterministisch, vorgegeben. Dies trägt wiederum dazu bei, die beschränkte Gültigkeit dieser Modellierung aufzuzeigen.

Die Bestimmung der Nachfragefunktion $f(x,y) = 70 - x + 0{,}5y$, die im Delphi-Programm als black box verwendet wird, war selbst für die meisten Schülerinnen und Schüler eines Mathematik-Leistungskurses ein anspruchsvolles Problem. Ungewohnt war insbesondere, dass es sich um eine Funktion zweier Veränderlicher handelt, für die die Schülerinnen und Schüler noch keine graphischen Darstellungen kennen.

Tab. 3 Zweidimensionale Wertetabelle für die Nachfragefunktion

x/y	0	1	2	3
0	70	70,5	71	71,5
1	69	69,5	70	70,5
2	68	68,5	69	69,5
3	67	67,5	68	68,5
4	66	66,5	67	67,5
5	65	65,5	66	66,5

Einige Schülerinnen und Schüler entwickelten zur Entschlüsselung selbst eine zweidimensionale Wertetabelle:

Für Schülerinnen und Schüler, die an dieser Stelle keinen Weg sehen, sind strategische Hilfen des Lehrers sinnvoll, die aufzeigen, wie man den Output des Programms systematisch untersucht: Was bewirkt eine Erhöhung des Preises von Spieler 1 um ein Euro bei gleich bleibendem Preis von Spieler 2? Welche Anzahl verkaufter Exemplare ergibt sich, wenn man als Grenzfall die Preise $x = y = 0$ Euro wählt (im Sinne eines absoluten Glieds)? Denkbar ist auch die Einbeziehung eines 3-D-Plots zur Visualisierung der Funktion.

Es ist auch möglich, für die hier vorgestellte Unterrichtssequenz statt des Delphiprogramms ein Tabellenkalkulationsprogramm einzusetzen. Allerdings haben die Schülerinnen und Schüler bei diesem Zugang über die Zelldefinition sofort Zugriff auf die verwendeten Nachfrage- und Gewinnfunktionen. Damit geht der Effekt der „black box" verloren, der die „unsichtbare Hand" von Adam Smith nachahmt und wesentlich zur Motivation der Schülerinnen und Schüler beiträgt. Für die Unterrichtssequenz können durch die Verwendung einer Tabellenkalkulation andererseits auch Vorteile entstehen. Die Schülerinnen und Schüler bewegen sich in einem vertrauten Medium und können von Beginn an stärker in die Entwicklung der Modellbildung einbezogen werden. Auch die Implementierung von Variationen der Modellierung ist mit einer Tabellenkalkulation leichter (vgl. Abschn. 6).

Die Deutung des Nash-Gleichgewichts kann durch einen gemeinsamen 3D-Plot der Gewinn-

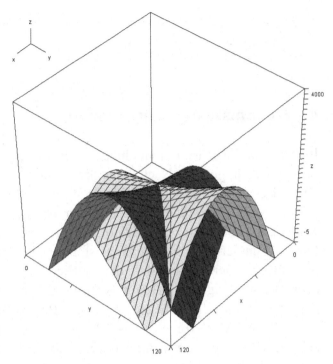

Abb. 2 3D-Plot der Gewinnfunktionen $g(x, y)$ und $h(x, y)$ beider Spieler: Am „Kreuzungspunkt" P(60;60;1600) der beiden Parabelscharen befindet sich das Nash-Gleichgewicht.

funktionen $g(x, y)$ und $h(x, y)$ der beiden Spieler unterstützt werden (Abb. 2, hinten). Abbildung 2 zeigt, dass die Gewinnfunktion eines Spielers bei einem festen Preis des anderen Spielers die Form einer nach unten geöffneten Parabel hat. Zusammen bilden alle Parabeln eines Spielers jeweils eine sattelförmige Fläche. Das Spielen des Nash-Spiels führt dazu, dass sich ein Spieler an den Scheitelpunkt der jeweiligen Parabel bewegt, die durch den Preis des anderen Spielers ausgewählt wurde. Das Nash-Gleichgewicht ist nun der „Kreuzungspunkt" Punkt P(60;60;1600) im Zentrum der Abb. 2, an dem sich beide Spieler *gleichzeitig* am Scheitelpunkt einer Parabel ihrer Schar befinden. An diesem Punkt führt für beide Spieler jede weitere Bewegung zu einem Verlassen des Scheitelpunkts und damit zu geringerem Gewinn.

In einer weitergehenden Vertiefung, etwa im Leistungskursbereich, kann mit den Schülerinnen und Schülern genauer überlegt werden, warum sich beim „Spielen" des Nash-Spiels das Nash-Gleichgewicht als Grenzwert einstellt. Das Spiel kann dabei als diskreter nummerischer Algorithmus gedeutet werden, der eine bestimmte Bewegung entlang zweier Funktionen vorgibt. Dabei sind Parallelen zu anderen diskreten Algorithmen in der Analysis, etwa dem Newton-Verfahren, hilfreich.

5 Grenzen der Modellierung

Im Unterricht sollte auch thematisiert werden, was die Funktion $f(x, y) = 70 - x + 0{,}5y$, die die Anzahl der verkauften Exemplare des Spielers 1 angibt, ausdrückt und welchen Gültigkeitsbereich sie besitzt.

Aufgaben:
1. Erläutern Sie Aufbau und Sinn des Funktionsterms $f(x, y)$.
2. Inwieweit kann durch diese Funktion das Käuferverhalten realistisch beschrieben werden? Begründen Sie, warum eine Modellierung des Käuferverhaltens mit diesen Funktionen die Realität nur sehr grob beschreibt.
3. Diskutieren Sie Möglichkeiten, die Funktion $f(x, y)$ zu verändern.

Die Antworten der Schülerinnen und Schüler sollten umfassen:
- Wenn Spieler 1 seinen Preis um einen Euro erhöht, verkauft er ein Exemplar weniger.
- Wenn Spieler 2 seinen Preis um zwei Euro erhöht, verkauft Spieler 1 ein Exemplar mehr.
- Im Grenzfall bei Preisen von $x = y = 0$ Euro würden 70 Exemplare verkauft.

Die Schülerinnen und Schüler sollten einerseits erkennen, dass die Nachfragefunktion die grundsätzliche Abhängigkeit zwischen Preis und Nachfrage richtig widerspiegelt, andererseits aber nur einen sehr eingeschränkten Gültigkeitsbereich besitzt. Widersprüche treten insbesondere dann auf, wenn Spieler 1 und Spieler 2 stark unterschiedliche Preise wählen, zum Beispiel $x = 30$ Euro und $y = 220$ Euro. Spieler 1 verkauft dann 150 Exemplare, während Spieler 2 kein Exemplar verkauft. Damit übersteigt die Anzahl der verkauf-

ten Exemplare die Summe der Grundnachfragen beider Spieler 5von 140 Exemplaren bei einer kostenlosen Abgabe der Produkte. Daraus entsteht die Frage, wie die einfache lineare Modellierung der Marktsituation variiert oder verbessert werden kann.

6 Variation der Modellierung

Eine erste Möglichkeit, die Modellierung zu verändern, besteht darin, die Preis-Kopplung der Nachfragefunktion zwischen den beiden Spielern zu variieren, etwa indem man einen Parameter α für die Nachfragefunktion einführt

$$f_\alpha(x, y) = 70 - x + \alpha \cdot y \, .$$

Dies führt auf eine Funktionenschar zweier Veränderlicher und initiiert weitere Modellierungstätigkeiten, z. B.:

Was bedeutet die jeweilige Wahl von α? Je größer α ist, desto stärker wirkt sich der Preis des 2. Spielers auf die Nachfragefunktion aus. Bei der ursprünglichen Wahl $\alpha = 0{,}5$ reagieren die Käufer stärker darauf, wenn Spieler 1 seinen Preis erhöht, als wenn der Mitspieler seinen Preis um den gleichen Betrag erhöht.

Welche Werte für α sind sinnvoll? Zunächst sind nur Werte für $\alpha \geq 0$ sinnvoll, negative Werte würden bedeuten, dass eine Erhöhung der Preise von Spieler 2 die Nachfrage bei Spieler 1 senkt. Dies entspricht nicht der Realität. Es sollte aber auch gelten $\alpha \leq 1$, da die Käufer des Produkts 1 nicht stärker auf die Erhöhung der Preise des Spielers 2 reagieren als auf die Erhöhung von Spieler 1 selbst.

Wie hängen Nash-Gleichgewicht und maximale Gewinne von α ab? Um dies herauszufinden, kann man eine veränderte Nachfragefunktion in Delphi implementieren, so dass die Schülerinnen und Schüler sofort die Auswirkungen auf den Spielverlauf und das Nash-Gleichgewicht austesten können. Für eine allgemeine Antwort sind aber analytische Methoden geeigneter. Zunächst kann man sich für die Gewinnfunktion für Spieler 1 $g(x, y) = (70 - x) + 0{,}5y \cdot (x - 20)$ überlegen, dass als notwendige Bedingung für ein Maximum die Ableitung nach der Variablen x null sein muss. Dabei stellt man sich vor, dass der 2. Spieler seinen Preis wie im Nash-Spiel unverändert lässt, dieser für die Ableitung also als Konstante behandelt werden muss. Für $\alpha = 0{,}5$ erhält man dann (siehe auch Carmesin (2004))

$$\frac{\partial g}{\partial x}(x, y) = -2x + 90 + 0{,}5 \cdot y$$

bzw. für die Funktionenschar

$$\frac{\partial g_\alpha}{\partial x}(x, y) = -2x + 90 + \alpha \cdot y$$

Entsprechend ergibt sich bei Ableitung der Gewinnfunktion

$$h(x, y) = (70 - y + 0{,}5x) \cdot (y - 20)$$

für den 2. Spieler

$$\frac{\partial h}{\partial y}(x, y) = -2y + 90 + 0{,}5 \cdot x$$

bzw. für die Funktionenschar

$$\frac{\partial h_\alpha}{\partial y}(x, y) = -2y + 90 + \alpha \cdot x.$$

Die Forderung, dass ein Nash-Gleichgewicht vorliegt, bedeutet, dass beide Ableitungen null sind. Diese Bedingungen werden Reaktionsgleichungen genannt und führen auf die Nash-Gleichgewichte

$$x_\alpha = y_\alpha = 60 \quad \text{bzw.}$$
$$x_\alpha = y_\alpha = \frac{45}{1 - \frac{\alpha}{2}}.$$

Wenn der gemeinsame Gewinn maximal sein soll, muss als Zielfunktion die Summe der Gewinnfunktionen beider Spieler untersucht werden

$$s(x, y) = g(x, y) + h(x, y)$$

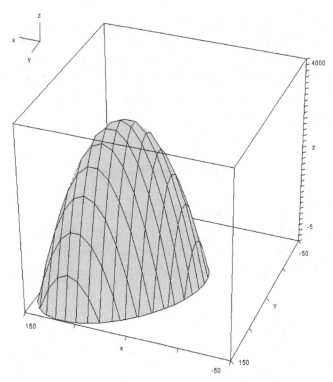

Abb. 3 3D-Plot der Summe der Gewinnfunktionen beider Spieler: Der Punkt P(80;80;3600) an der „Spitze des Berges" stellt den Punkt des größten gemeinsamen Gewinns dar.

bzw. für die Funktionenschar

$$s_\alpha(x, y) = g_\alpha(x, y) + h_\alpha(x, y).$$

Dies bietet wiederum die Möglichkeit, die eindimensionale Analysis zu erweitern. Beispielsweise kann zunächst mit Hilfe eines 3D-Plots der Funktion $s(x, y)$ (siehe Abb. 3, hinten) herausgearbeitet werden, dass als notwendige Bedingungen für ein Maximum die Tangentensteigungen entlang der beiden Koordinatenrichtungen null sein müssen. Dies führt auf die Gleichungssysteme

$$\text{I. } x = 45 + 0{,}5 \cdot (y - 10)$$
$$\text{II. } y = 45 + 0{,}5 \cdot (x - 10)$$

bzw. für die Funktionenschar auf

$$\text{I. } x = 45 + \alpha \cdot (y - 10)$$
$$\text{II. } y = 45 + \alpha \cdot (x - 10)$$

Die Lösung des Gleichungssystems liefert

$$x_{\max} = y_{\max} = 80 \quad \text{bzw.}$$

$$x_{\alpha,\max} = y_{\alpha,\max} = 10 + 35 \cdot \frac{1}{1 - \alpha}$$

Plottet man die Nash-Gleichgewichte und die maximalen Gewinne in Abhängigkeit von α, so stellt man fest, dass im relevanten Bereich $0 \leq \alpha \leq 1$ die maximalen Gewinne immer über dem Nash-Gleichgewicht liegen. Dies zeigt, dass der Widerspruch zu den Annahmen von Adam Smith grundlegender Art ist. Für den Grenzfall $\alpha = 0$ stimmen Nash-Gleichgewicht und maximaler Gewinn mit $x = 45$ überein, da in diesem Fall die beiden Spiele „entkoppeln". Dies ist natürlich auch der maximale Gewinn aus Abschn. 1.

In ähnlicher Weise kann mit Hilfe von Funktionenscharen untersucht werden, wie Nash-Gleichgewicht und maximaler Gewinn von den Herstellungskosten oder der Grundnachfrage abhängen. Weitergehend kann gefragt werden, was nicht-lineare Modellierungen ausdrücken würden und wie man eine entsprechende Nachfragefunktion formuliert. Im Kleinen sind all dies Überlegungen, wie sie auch Wirtschaftstheoretiker durchführen.

Literatur

Carmesin, H.-O.: Das Nash-Gleichgewicht. MNU **57**, 410–413 (2004)

Kratz, H.: Das Nash-Spiel. MNU **62**, 83–86 (2009)

Wettbetrug – ein aktuelles und realitätsbezogenes Thema zum mathematischen Modellieren

Prof. Dr. Jürgen Maaß und Prof. Dr. Hans-Stefan Siller

Zusammenfassung

Rund um den Sport hat sich eine milliardenschwere Sportwetten-Industrie entwickelt, die immer wieder nicht nur Glücksspielerinnen und -spieler in Versuchung führt, sondern auch Wettbetrügerinnen und -betrüger auf den Plan ruft. Wer gezielt auf den Ausgang eines sportlichen Wettkampfes Einfluss nimmt, kann durch entsprechende Wetten sehr viel Geld verdienen. Da solche Betrügereien bisweilen aufgedeckt werden und zu Geld- und anderen Strafen führen, kann man auch Wettbetrügereien als eine Art Wette mit dem Schicksal auffassen.

Zu Beginn eines solchen Beitrags, der auf aktuelle und problematische Gegebenheiten abzielt, wollen wir die Zielsetzungen für diesen Unterrichtsvorschlag darlegen. Wir wollen mit diesem Aufsatz keinesfalls zum Glücksspiel oder gar zum Betrug auffordern. Unsere Zielsetzung ist zweistufig. Einerseits unterbreiten wir einen Vorschlag für einen interessante(re)n Mathematikunterricht durch Modellrechnungen, die auf realen Daten und mehr oder weniger plausiblen Schätzungen oder Annahmen beruhen, und andererseits wollen wir den Schülerinnen und Schüler als potentiellen Opfern (finanzielle Verluste durch Glücksspiel, Suchtgefahr) die Möglichkeit eröffnen, durch eigene Einsicht Abstand zu Sportwetten im Besonderen und Glücksspiel im allgemeinen zu halten. Bei allen Modellen und Zufällen gibt es ein sicheres Ergebnis: Gewinnen werden langfristig außer den Buchhaltern am Schluss bzw. auf lange Sicht immer nur diejenigen, die NICHT um Geld wetten (vgl. Siller & Maaß, 2009). So lange, wie sie nicht erwischt werden, machen offenbar auch die Wettbetrügerinnen und Wettbetrüger erhebliche Gewinne.

J. Maaß ✉
Institut f. Didaktik der Mathematik, Johannes Kepler Universität Linz, Linz, Österreich

H.-S. Siller
FB 3: Mathematik/Naturwissenschaften, Universität Koblenz-Landau, Campus Koblenz, Koblenz, Deutschland

1 Vorbemerkung zu den mathematikbezogenen Lernzielen für den Unterricht

Die Bedeutung der Kompetenz „Modellieren" wird so oft und vielfältig betont, dass wir an dieser Stelle für ihre Wichtigkeit bzw. Notwendigkeit nicht mehr argumentieren müssen. Die Behandlung des Themas Wettbetrug im Mathematikunterricht trägt ohne Zweifel zur Erhöhung dieser Kompetenz bei. Es eröffnen sich vielfältige Möglichkeiten, mit recht einfachen mathematischen Mitteln schon in der Sekundarstufe I (mit Grundrechenarten und Prozentrechnung) mathematisch zu modellieren. Zudem ist das Thema hoch motivierend und realitätsbezogen. Zudem ist es leider immer wieder sehr aktuell (vgl. etwa http://sport.orf.at/stories/2165148/ – letzter Zugriff 06.01.2014). Deshalb können Zahlen aus der Presse als Ausgangspunkt für zunächst einfache und dann immer komplexer werdende Modelle gewählt werden, die zudem rechnerisch (mit einer Tabellenkalkulation) vergleichsweise einfach ausgewertet werden können. Dabei können im Umgang mit den Ergebnissen in Reflexions- und Planungsphasen immer wieder wichtige Fragen in den Fokus gerückt werden: Was bedeutet dieses Ergebnis? Sollen wir die Modellannahmen ändern? Sollen wir bessere, genauere oder zusätzliche Daten suchen? Wenn wir diese Daten nicht finden (etwa, weil sie vom Wettbüro nicht veröffentlicht oder zur Verfügung gestellt werden), welche Daten können wir plausibel schätzen? Wenn wir sie mit diesen Werten (etwa einer Schätzung über die Höhe eines Bestechungsgeldes) ansetzen – was können wir damit ausrechnen? Wie interpretieren wir die Berechnungen? Welche Ziele setzen wir uns für den nächsten Schritt? Wann meinen wir, genügend viele Modellannahmen und Daten analysiert zu haben, um für unsere Zwecke genügend viel über den Sachverhalt zu wissen?

Im Zentrum dieses Unterrichts steht das Modellieren, das möglichst reflektierte und selbstständige Entscheiden über den jeweils nächsten Schritt und – mithilfe einer abschließenden rückblickenden Reflexion – eine Sicherung des Gelernten sowohl in methodischer Hinsicht – wie funktioniert „gutes" Modellieren – als auch in inhaltlicher Hinsicht: Was wissen wir nun über Sportwetten und Betrugsmöglichkeiten?

2 Mathematische Grundlagen zur Berechnung von Wettquoten und -gewinnen

Im Internet oder im Wettbüro vor Ort ist es möglich, Wetten auf das Eintreffen oder Nichteintreffen bestimmter Ereignisse abzuschließen. Die in deutschsprachigen Ländern beliebteste bzw. bekannteste Form solcher Wetten sind Sportwetten, bei denen auf Sieg, Niederlage oder ein Unentschieden gewettet wird. Über die sogenannte Basiswette hinaus ist es auch möglich auf bestimmte Resultate oder Ereignisse im Spiel (ein Elfer, eine gelbe Karte etc.) zu setzen.

Um die elementar-mathematisch vergleichsweise einfachen Grundlagen für Sportwetten deutlich zu machen, wird von uns als Beispiel zunächst eine in europäischen Breitengraden sehr beliebte Sportart für die nachfolgenden Betrachtungen gewählt – Fußball.

In dieser Sportart ist Wetten ein sehr einträgliches Geschäft. („Die beiden größten illegalen Wettanbieter, beide auf den Philippinen, setzten zusammen 400 Mrd. Dollar um", sagte Friedrich Stickler im ORF (http://sport.orf.at/stories/2165148/ – letzter Zugriff 06.01.2014). Eine typische Basiswette sieht wie folgt aus: Sieg – Niederlage – Unentschieden, bisweilen auch mit 1 – 0 – X abgekürzt. Einen ausführlichen Vorschlag zum Umgang haben wir bereits in Siller & Maaß (2009) unterbreitet, um das System der Wettkalkulation zu verstehen. Wir beschränken uns hier daher auf zwei erläuternde Beispiele:

1. Vor dem Spiel der Mannschaften A und B werden 60.000 Euro auf einen Sieg von Team A gesetzt, 20.000 Euro auf Unentschieden und 10.000 Euro auf einen Sieg von Team B.

Ohne den Gewinn des Buchmachers lauten die Quoten dann 90.000/60.000 = 1,5 für Sieg A, 90.000/20.000 = 4,5 für Unentschieden und 90.000/10.000 = 9 für Sieg B. A ist also aufgrund der Wetteinsätze hoher Favorit. Wer 1000 Euro auf A gesetzt hat, erhält 1500 Euro, wer 1000 Euro auf Unentschieden gesetzt hat, erhält 4500 Euro und wer auf den Außenseiter, Team B, gesetzt hat, erhält pro Euro Einsatz

9 Euro ausbezahlt. Wenn der Buchmacher 10 % Provision oder Gebühr für sich behält, verringern sich die Auszahlungen entsprechend.

2. Vor dem Spiel der Mannschaften A und B werden 20.000 Euro auf einen Sieg von Team A gesetzt, 50.000 Euro auf Unentschieden und 30.000 Euro auf einen Sieg von Team B.

Ohne den Gewinn des Buchmachers lauten die Quoten dann $100.000/20.000 = 5$ für Sieg A, $100.000/50.000 = 2$ für Unentschieden und $100.000/30.000 = 3,33$ für Sieg B. Wer 1000 Euro auf A gesetzt hat, erhält 5000 Euro, wer 1000 Euro auf Unentschieden gesetzt hat, erhält 2000 Euro und wer auf Team B gesetzt hat, erhält pro Euro Einsatz 3,33 Euro ausbezahlt. Wenn der Buchmacher 10 % Provision oder Gebühr für sich behält, verringern sich die Auszahlungen entsprechend.

Die Sorte Buchmacher, welche die Quoten erst nach Abschluss aller Einsätze aufgrund der eingegangenen Einsätze berechnet, nennt man Totalisator (vgl. Siller & Maaß, 2009). Diese Gruppe von Wettanbietern macht jedenfalls sicheren Gewinn, hat aber deutlich weniger Umsätze als jene Sorte Buchmacher, die Wetten zu den jeweils veröffentlichten aktuellen Quoten annehmen und hinterher auch auszahlen (müssen). Diese Buchmacher achten deshalb laufend darauf, ihre Quoten den bisher eingegangenen Wetten anzupassen, um nicht selbst vom Buchmacher zum Mitwettenden zu werden, und Verlust zu riskieren. Dies sei an dieser Stelle nochmals mit einem Beispiel illustriert: nehmen wir an, bis zum Tag vor dem Spiel der Mannschaften A und B waren die Einzahlungen wie im Beispiel 1 mit den Quoten 1,5 – 4,5 – 9. Nun verletzt sich der Stürmerstar von Team A beim Training so schwer das er nicht spielen kann/darf. Viele Wettbegeisterte sehen nun eine Chance für Team B und wollen daran verdienen, indem sie auf B setzen. Insgesamt 90.000 Euro werden am letzten Tag vor dem Spiel auf Team B gesetzt.

Ein Totalisator freut sich über den erhöhten Umsatz und rechnet nach dem Spiel die Quoten aus: $180.000/60.000 = 3$ für einen Sieg von Team A, $180.000/20.000 = 9$ für Unentschieden und $180.000/100.000 = 1,8$ für einen Sieg von Team B. Er kassiert seine Provision von 10 % (18.000 Euro) und zahlt aus

• Sieg A: 2,7 Euro für einen Euro Einsatz
• Unentschieden: 8,1 Euro für einen Euro Einsatz
• Sieg B: 1,62 Euro für einen Euro Einsatz

Wie geht es nun dem weniger geschäftstüchtigen Buchmacher, der einen Tag vor dem Spiel seine Quoten nicht ändert?

Nach Abzug seiner Provision zahlt er folgende Quoten aus: 1,35 – 4,05 – 8,1. Was beutet das, wenn tatsächlich Team A gewinnt?

• Für 60.000 Euro Einsatz sind $60.000 \cdot 1,35$ Euro $= 81.000$ Euro auszuzahlen. Es bleiben 180.000 Euro – 81.000 Euro = 99.000 Euro Gewinn.

• Im Fall „Unentschieden" sind $20.000 \cdot 4,05$ Euro $= 81.000$ Euro auszuzahlen. Es bleiben 180.000 Euro – 81.000 Euro = 99.000 Euro Gewinn.

• Wenn Team B siegt, sind $100.000 \cdot 8,1$ Euro $= 810.000$ Euro auszuzahlen. 180.000 Euro – 810.000 Euro = −630.000 Euro. Dieser Buchmacher verliert in diesem Fall also eine Menge Geld – mehr als er eingenommen hat.

Wenn wir das Ergebnis der Modellrechnung interpretieren, zeigt sich, dass das Haupt-Risiko für den Buchmacher in einem plötzlich geändertem Wettverhalten liegt. Wenn der Buchmacher die angebotenen Quoten nicht ändert, wird er zum Mitspieler mit erhöhten Gewinnchancen und großer Gefahr einen erheblichen finanziellen Verlust zu erleiden.

Mit anderen Worten: Wenn er sich auf den sicheren Gewinn, seine Provision, verlassen und damit zufrieden sein will, muss er seine Quoten (jederzeit) flexibel ändern (können) und eventuell sogar die Annahme hoher neuer Wetten ablehnen. Wir empfehlen an dieser Stelle für den Schulunterricht eine Modellrechnung mit Hilfe einer Tabellenkalkulation, in der angenommen wird, für je 10, 100 oder 1000 Euro neu angenommenen Wetten ändert der Buchmacher die Quoten je nach Wetteingang. Durch eine entsprechende Simulation könnte man erkennen, wie der Buchmacher in Abhängigkeit vom tatsächlichen Spielausgang handeln könnte, um einen Verlust zu vermeiden (vgl. Siller & Maaß 2009).

3 Betrug im Spiel

Betrug bei Wettspielen scheint, wenn man entsprechende Dokumentationen (http://www.pokerolymp.com/articles/show/news/13949/wettbetrug-beim-fu%C3%9Fball-spannende-doku-in-der-ard#.UsqBN7Sp6SF – letzter Zugriff 06.01.2014, ARD Sendung am 14.10.2013: „Im Griff der Zockermafia") bzw. einschlägiger Literatur (vgl. Best, 2013) Glauben schenkt, ein sehr einträgliches Geschäft zu sein. Daher ist es auch nicht weiter verwunderlich, dass sich hier eine regelrechter „Geschäftszweig" ausgebildet hat, in dem versucht wird, unwichtige Spiele aus den unteren Ligen bis hin zur Jugend zu manipulieren um selbst ein Geschäft zu machen. Manchmal wagen sich Wettbetrüger aber auch in „höhere Ligen", um dort ihr Glück zu versuchen. Beispielsweise konnte am letzten Spieltag der Saison 2011/12 der spätere österreichische Meister „Sturm Graz" im Heimspiel gegen „Wiener Neustadt" durch einen Hand-Elfmeter kurz vor Spielschluss knapp gewinnen (vgl. Hell & Kellhofer, 2011). Nicht nur das Ereignis, sondern auch eine auffällige Struktur der Wetten führte zu dem Verdacht, dass der Ausgang des Spiels manipuliert worden sei. (vgl. Hell & Kellhofer, 2011)

Diese oder eine ähnlich geartete Tatsache, wie sie in letzter Zeit von den Medien immer wieder berichtet wird, ist als Einstieg in die Problematik wünschenswert. Dabei zeigt sich vor allem – um ein Ergebnis bereits vorwegzunehmen – deutlich, dass sich solche Betrügereien für die Spieler nicht wirklich bezahlt machen, sondern meist nichts als eine Menge Ärger bis zum drohenden Karriereende mit sich bringen. Um uns ein wenig von den doch recht aktuellen Ereignissen rund um das Thema Wettbetrug abzuheben, arbeiten wir nachfolgend mit fiktiven, von uns erfundenen Daten, welche die Ergebnisse sehr gut widerspiegeln, aber nichts mit tagesaktuellen Medienberichten gemeinsam haben.

Damit der Unterricht gelingen kann, soll mit Schülerinnen und Schülern geplant werden, eine Menge an Material zu sammeln. Dabei ist es sicherlich hilfreich, wenn die für eine solche Untersuchung wichtigsten Parameter – an realen Daten – erhoben werden können:

- Wetteinsatz insgesamt
- Wetteinsatz vor der vermuteten Manipulation

So wird es möglich mit diesen Daten die

- Quoten vorher
- Quoten des Totalisator
- Situation für Totalisator/Buchmacher mit Quoten vorher und den veränderten Quoten

zu berechnen bzw. zu vergleichen. Da diese Vorgänge in der Regel simuliert werden (müssen), ist an dieser Stelle wieder die Verwendung einer Tabellenkalkulation oder einer vergleichbaren Technologie von Vorteil, sodass Schülerinnen und Schüler relativ unkompliziert mathematische Ergebnisse erhalten, die sie entsprechend reflektieren müssen, um sie mit den gefundenen Daten validieren zu können (vgl. Tab. 1).

Betrachtet man die Simulation in Tab. 1, stellt sich die Frage, was ist hier passiert. Folgende Ausgangssituation wurde zugrunde gelegt: es wird ein Fußballspiel betrachtet. Der Gesamteinsatz beträgt 90.000 Euro, die Verteilung der Geldbeträge auf Sieg – Unentschieden – Niederlage lautet wie folgt: 60.000 – 20.000 – 10.000, womit sich wie in Beispiel 1 vorhin dargestellt die Quoten für Sieg, Unentschieden, Niederlage als 1,5 – 4,5 – 9 errechnen lassen. Somit kann pro Hundert Euro eine Auszahlung von 135 – 405 – 810 Euro für Sieg – Unentschieden – Niederlage gewährt werden. Der Vorteil dieser Darstellung ist offensichtlich: pro Hundert Euro erlaubt es sich rasch einen Eindruck vom zu erwartenden Gewinn zu machen und überschlagsartig den Gewinn zu kalkulieren. Dies erlaubt auch bei der Verwendung „krummer Zahlen" recht schnell zu diskussionswürdigen Ergebnissen zu gelangen.

Nun manipulieren wir das Spiel und nehmen an, dass ein Spieler „gekauft" wird – sagen wir der Torwart. Zugleich nehmen wir an, dass derjenige, welcher das Spiel manipuliert, auch entsprechende Gewinnabsichten hat und deswegen 90.000 Euro

Tab. 1 Wettmanipulation an einem Beispiel

Ausgangslage: gesetzt auf		Quoten	Auszahlung pro 100 Euro	Provision 10 %	Reale Auszahlung pro 100 Euro
Team A	60.000	1,5	150	15	135
Unentschieden	20.000	4,5	450	45	405
Team B	10.000	9	900	90	810

Tab. 2 Simulation einer Wette

Einzahlung des Manipulators			Reale Auszahlung für den Manipulator bei Sieg Team B		
1000			7445,454545		
veränderte Situation					
Ausgangslage			*Auszahlung pro*	*Provision*	*reale Auszahlung*
gesetzt auf		**Quoten**	**100 Euro**	**10%**	**pro 100 Euro**
Team A	60000	1,516667	151,6666667	15,16666667	136,5
Unentschieden	20000	4,55	455	45,5	409,5
Team B	11000	8,272727	827,2727273	82,72727273	744,5454545

auf Team B setzt. Dies ist naheliegend, da durch den Kauf des Torwarts von Team A zu erwarten ist, dass der Ball leichter in das Netz gelangen wird. Ermittelt man die neuen Quoten, wie bei der Quotenermittlung in 1), d. h. beim Totalisator, ergeben sich folgende Zahlen für die jeweiligen Quoten:

- 180.000/60.000 = 3 für Sieg von Team A
- 180.000/20.000 = 9 für Unentschieden
- 180.000/100.000 = 1,8 für Sieg von Team B

Die Auszahlung pro Hundert Euro Einsatz, in der die 10 % Provision bereits berücksichtigt sind, sieht dann wie folgt aus:

- Sieg Team A: 270 Euro
- Unentschieden: 810 Euro
- Sieg Team B: 162 Euro

Die Quote für Team B sinkt drastisch, von 9 auf 1,8, während jene von Team A steigt (von 1,5 auf 3). Das ist eigentlich zur Manipulation kontraproduktiv, weil der Gewinn sinkt. Dies wird bei Spielmanipulationen aber immer so sein, da der eigene hohe Einsatz die Quote drückt. Derjenige, der das Spiel manipulieren möchte, kann mit einem Gewinn in Höhe von 55.800 Euro = 90.000 · 1,62 – 90.000 rechnen. Das ist im Vergleich zum Einsatz ein großer Betrag – aus unserer Sicht: 55.800 Euro oder 62 % Gewinn für wenig Arbeit(szeit). Dies ist umso bemerkenswerter, als die hier verwendeten Zahlen ein Bruchteil der echten Beträge sind, welche im Milliardenbereich liegen.

Analoge Überlegungen sind nun auch mit anderen Zahlenwerten in ähnlicher Weise möglich und können – wie oben bereits erwähnt – mit Hilfe einer technologischen Unterstützung einfach und unkompliziert erfolgen (vgl. Tab. 2).

In der Tat scheint es zunächst so, als ob eine solch einfache Manipulation eines Spiels gar nicht stattfinden könnte. In der oben erwähnten Dokumentation im ARD wurde jedoch genau auf solche Vorgänge hingewiesen; die Manipulationen, welche tatsächlich stattfinden, sind jene, welche am schwierigsten nachzuvollziehen sind. In den unteren Ligen läuft keine Kamera, die öffentliche Aufmerksamkeit ist gering und die Spieler sind leichter (für weniger Geld) käuflich.

Wenn dem aber so ist, dann stellt sich eine weitere Frage, der man in diesem Zusammenhang auf den Grund gehen sollte, nämlich die Frage nach dem „Verdienst, der Bezahlung des Spielers". Für unser Beispiel konkret: Wie viel davon geht an den Torwart? bzw. in weiterer Folge werden sich Fragen wie „Gibt es andere Kosten? Gibt es Spesen?" aufdrängen. Dies kann als weiterer Modellierungsaspekt in dem viele Schätzungen miteingebracht werden sollen, im Rahmen eines solchen Projekts umgesetzt werden.

4   Folgekosten des Betrugs

Kann man einen Spieler für einen (aktiven) Wettbetrug gewinnen, so muss ein solcher Spieler jedenfalls fürchten, bei diesem Betrug ertappt zu werden. Ist er sich dessen bewusst, so wird er seinen Preis sehr hoch ansetzen. Gehen wir von einem durchschnittlichen Torwart mit einem Jahresgehalt von ca. 1.000.000 Euro im Jahr aus. Dieser Torwart lässt sich kaufen und ist sich der Tatsache bewusst, dass er beim Betrug erwischt werden könnte. Daher möchte er „vorsorgen" und setzt seinen Preis entsprechend hoch an: Er möchte 7 Millionen Euro, weil er mit weiteren 7 aktiven Spieljahren rechnet. Nun stellen sich zu diesem Zeitpunkt zwei Fragen: die für den Torwart interessante Frage: Wird mir das tatsächlich bezahlt?

Und aus Sicht desjenigen, der manipulieren möchte: Kann und will ich die geforderte Summe tatsächlich aufbringen?

Die erste Frage, d. h. die für den Torwart interessante Frage, wurde in der Fernsehdokumentation des ARD bereits gut begründet beantwortet. Personen, welche versuchen, Wetten zu manipulieren, haben kein Interesse daran, dass andere ebenfalls daran Beteiligte gut verdienen.

Nichtsdestotrotz lohnt sich Wettbetrug bei hohem Gesamtumsatz mehr, also bei wichtigen Spielen oder „Großereignissen" wie Europameisterschaft oder Cup. Allerdings ist dort auch die öffentliche Aufmerksamkeit größer und die Wahrscheinlichkeit, dass der Wettbetrug aufgedeckt wird. Die Begründung dazu ist auch relativ einfach. Es gibt Einrichtungen, welche den Eingang von Sportwetten überwachen. Auch das kann in einer solchen Modellierung Anlass dazu geben, sich mit Hilfe der Mathematik Modelle zu überlegen, wie dies umgesetzt werden kann. Dies erfordert jedoch wesentlich komplexere Mathematik, als in der Unterstufe thematisierbar. Daher verzichten wir an dieser Stelle auf weitere Ausführungen dazu.

Eine andere, mehr mathematische Überlegung ist aber an dieser Stelle möglich. Wir schlagen vor zu überlegen, inwiefern es sinnvoll ist, seinen Einsatz beliebig hoch zu machen, um Spiele zu manipulieren. Wie man anhand der vorangegangenen Ausführungen erkennt, ist ein beliebig hoher Einsatz nicht wirklich sinnvoll, da man damit die Quote drückt. Somit wird auch der (Rein-)Gewinn nicht beliebig steigen können, insbesondere weil ja jeweils 10 % Provision einbehalten werden. Betrachtet man diesen Vorgang in einer Tabelle, kann dies wie in Tab. 3 aufbereitet werden.

Man erkennt an Tab. 3 sehr deutlich, dass der Gewinn nicht beliebig hoch steigen kann. Für unser Beispiel ist das Optimum bei 75.000 Euro erreicht. Dies kann man auch durch eine entsprechende graphische Aufbereitung noch unterstützen, sodass ein Übergang in Themen der Sekundarstufe II ermöglicht wird. Weiteres Modellierungspotential nach oben ist natürlich auch

Tab. 3 Berechnung des Gewinns und Abschätzung über dessen (maximale) Höhe

Einzahlung des Manipulators	Quote Team B	Reale Auszahlung bei Sieg Team B	Gewinn
68.000	2,025641026	123.969,2308	55.969,23077
69.000	2,012658228	124.986,0759	55.986,07595
70.000	2	126.000	56.000
71.000	1,987654321	127.011,1111	56.011,11111
72.000	1,975609756	128.019,5122	56.019,5122
73.000	1,963855422	129.025,3012	56.025,3012
74.000	1,952380952	130.028,5714	56.028,57143
75.000	1,941176471	131.029,4118	56.029,41176
76.000	1,930232558	132.027,907	56.027,90698
77.000	1,91954023	133.024,1379	56.024,13793
78.000	1,909090909	134.018,1818	56.018,18182
79.000	1,898876404	135.010,1124	56.010,11236
80.000	1,888888889	136.000	56.000
81.000	1,879120879	136.987,9121	55.987,91209
82.000	1,869565217	137.973,913	55.973,91304

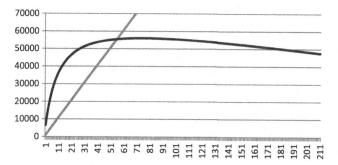

Abb. 1 Einsatz linear steigend, Gewinn geht gegen Null

gegeben, wenn man versucht diesen dynamischen Sachverhalt über funktionale Zusammenhänge darzustellen (vgl. Abb. 1).

5 Fazit

Das Thema Sportwetten ist ein sehr vielseitiges Thema, welches sich für den unterrichtlichen (Projekt-)Einsatz hervorragend eignet. Schülerinnen und Schülern wird die Chance eröffnet, eine wichtige Einsichten selbst zu erarbeiten. Zudem wird auch die unmittelbare Auseinandersetzung mit Vorkommnissen aus dem täglichen Leben, der kritische Vernunftgebrauch und der Einsatz ma-

thematischer Werkzeuge in einem eher unüblichen Handlungsfeld geübt. Das kann zeigen, wie nützlich die Verwendung von Mathematik ist und wie wichtig es ist, solche Methoden im täglichen Leben anwenden zu können, um auf allfällige Probleme aufmerksam zu werden oder sogar aufmerksam zu machen.

Durch die eigenständige Beschäftigung und selbstständige Auseinandersetzung mit einer solchen Thematik, bzw. Problematik, können Heranwachsende erkennen, dass es sich tatsächlich nicht lohnt a) Sportwetten zu tätigen und b) manipulativ zu agieren (wenn man nicht kriminell leben möchte). Die beste Art, dem kriminellen Wettbetrug den finanziellen Boden zu entziehen, ist (abgesehen von Polizeiarbeit), selbst nicht zu wetten.

Literatur

Best, B.: Der gekaufte Fußball – manipulierte Spiele und betrogene Fans. Murmann Verlag, Hamburg (2013)

Hell, D., Kellhofer, B.: Wett-Geschäft. NEWS **11**(23), 62–63 (2011). Verlagsgruppe News: Wien

Siller, H.-St., Maaß, M.: Fußball EM mit Sportwetten. In: Brinkmann, A., Oldenburg, R. (Hrsg.) ISTRON, Bd. 14, S. 95–122. Verlag Franzbecker, Hildesheim (2009)

Der freie Fall – von der Stratosphäre bis zum Kuipergürtel

Mag. Christian Spreitzer und Mag. Dr. Evelyn Süss-Stepancik

Zusammenfassung

Mediale Berichterstattungen liefern immer wieder auch für den Mathematikunterricht taugliche Themenfelder, der Stratosphärensprung von Felix Baumgartner und der Meteoriteneinschlag in Russland vom Februar 2013 sind zwei Beispiele jüngerer Vergangenheit. Beide Phänomene lassen sich mit der Mathematik des freien Falls erschließen. Für die mathematische Beschreibung eines Stratosphärensprungs müssen Überlegungen zum Luftwiderstand im Allgemeinen und zur Atmosphärendichte im Speziellen angestellt werden. Für theoretische Betrachtungen zur möglichen Abwehr eines herannahenden Asteroiden genügen hingegen elementare trigonometrische Beziehungen. Die zwei Arbeitsblätter im Anhang begleiten unseren Unterrichtsvorschlag.

1 Einleitung

Als Felix Baumgartner am Sonntag, den 14. Oktober 2012, seinen Stratosphärensprung absolvierte, sahen alleine in Österreich etwa 3 Millionen Menschen zu. Prominente Wissenschaftler, aber auch die „Science Busters[1]" kommentierten die-

ses Ereignis und informierten die Zuseher/innen mit Fakten beispielsweise zum aktuellen Druck in der Kapsel, zur Schallgeschwindigkeit, zum freien Fall und vielem mehr. Auch viele Schüler/innen verfolgten diese besondere Begebenheit mit Interesse und waren einige Male mit Begriffen aus ihrem Physik- und Mathematikunterricht konfrontiert. Es lohnt sich daher, dieses und ähnliche Ereignisse aufgrund ihrer allgemeinen Bekanntheit im Mathematikunterricht aufzugreifen – ein Problem aus der Realität ist ja immer ein guter Ausgangspunkt für Modellierungen (vgl. Siller 2010). Zudem ermöglicht dieser Sprung auch das Thematisieren von Differentialgleichungen, welche in der Schule nur rudimentär in Form von einfachen Beispielen oder gar nicht behandelt werden. Gerade

---

[1] Die „Science Busters" sind ein österreichisches Wissenschaftskabarett. http://de.wikipedia.org/wiki/Science_Busters

C. Spreitzer ✉
Pädagogische Hochschule Niederösterreich, Mühlgasse 67, 2500, Baden, Österreich

E. Süss-Stepancik
Pädagogische Hochschule Niederösterreich, Mühlgasse 67, 2500, Baden, Österreich

J. Maaß, H.-S. Siller (Hrsg.), *Neue Materialien für einen realitätsbezogenen Mathematikunterricht 2*, Realitätsbezüge im Mathematikunterricht, DOI 10.1007/978-3-658-05003-0_8,
© Springer Fachmedien Wiesbaden 2014

in der angewandten Mathematik sind Differentialgleichungen von immenser Bedeutung. Sie sind geradezu unumgänglich, wenn es gilt, (wie auch immer geartete) dynamische Vorgänge mathematisch zu beschreiben oder einigermaßen realistische Modelle zu behandeln und dabei das Terrain allzu großer Vereinfachung zu verlassen.

Wir zeigen hier, wie dies im Mathematikunterricht der 12. Schulstufe gelingen kann.

2 Die notwendigen Einzelheiten verstehen

2.1 Der freie Fall mit Luftwiderstand

Für den Einstieg in die Modellierung bzw. Bearbeitung des Stratosphärensprungs eignet sich der freie Fall ohne Luftwiderstand (s. Arbeitsblatt 1) als erstes Näherungsmodell, bei dem wir bewusst auf die Repräsentation vieler wichtiger Eigenschaften verzichten (vgl. Maaß 1990). Folgende Gründe sprechen dafür:

1. Die Schüler/innen haben mit der Formel $s(t) = \frac{1}{2} \cdot g \cdot t^2$ den freien Fall und damit verbundene Kontexte meist schon im Mathematik- und Physikunterricht bearbeitet – dies erlaubt also das Anknüpfen an Bekanntes und ermöglicht es auch, den benötigten Zusammenhang zwischen zurückgelegtem Weg, Geschwindigkeit und Beschleunigung wieder ins Gedächtnis zu rufen.

2. Aufbauend auf dieser sehr einfachen Formel kann dann nach dem *Prinzip vom Leichteren zum Schweren* (Comenius, zit. nach Vollrath/Roth 2012, S. 115) der freie Fall mit Luftwiderstand erarbeitet werden.

Der interessante und den Schüler/innen am wenigsten vertraute Ausdruck der Gleichung $ma = mg - kv^2$ (Fowles/Cassiday, 2004) die den freien Fall mit Luftwiderstand beschreibt, ist sicherlich der Proportionalitätsfaktor k. Diesem Faktor, dessen Größe von der Dichte der Atmosphäre und der Beschaffenheit – also der Angriffsfläche und Form – des fallenden Objekts abhängt, können

sich Schüler/innen durchaus auch selbsttätig nähern. Dazu haben wir k in seine drei Bestandteile zerlegt, die nacheinander oder in Form eines Gruppenpuzzles (vgl. Barzel/Büchter/Leuders, 2011) betrachtet werden können.

Für die Betrachtung der Dichte der Atmosphäre nehmen wir zu Beginn eine Vereinfachung (Atmosphäre mit konstanter Temperatur) vor und arbeiten mit der barometrischen Höhenformel $\rho(h) = \rho_0 \cdot e^{-\frac{h}{8400\mathrm{m}}}$, wobei $\rho(h)$ die Dichte auf Höhe h ist und $\rho_0 = 1{,}2$ kg/m^3 (s. Arbeitsblatt 1 – Aufgabe 2). Dass 1 m^3 Luft auf einer Höhe von 40 km nur $\sim$0,01 kg, auf einer Höhe von 10 km $\sim$0,36 kg und auf einer Höhe von 1 km $\sim$1,07 kg wiegt, kann von den Schülern/innen rasch berechnet werden und vermittelt sofort eine erste wesentliche Einsicht: Felix Baumgartner war bei seinem Sprung massiven Druckunterschieden ausgesetzt.

Die weiteren Überlegungen, dass der Faktor k direkt proportional zur Dichte $\rho(h)$ der Atmosphäre und zur Größe der Angriffsfläche A ist, ergeben sich mit den entsprechenden Fragestellungen (s. Arbeitsblatt 1) von selbst.

Zu berücksichtigen ist weiters der aus dem Gebiet der Aerodynamik stammende c_W-Wert (Böswirth, 2010), dessen Größe von der Form bzw. den aerodynamischen Eigenschaften des fallenden Objekts abhängt (s. Arbeitsblatt 1 – Aufgabe 2c). Der Faktor k ist direkt proportional zu c_W und damit ist die Formel $k = \frac{c_W}{2} \cdot A \cdot \rho$ komplett.

Gemäß dem ersten Teil von Vollraths Paradoxie *„Man kann das Ganze nur verstehen, wenn man die Einzelheiten verstanden hat."* (Vollrath 1993) sind nun die Einzelheiten aufbereitet.

Jetzt wird auf real aufgezeichnete Daten beim Stratosphärensprung (s. Red Bull Stratos Summary Report 2013) zurückgegriffen, sodass eine tiefergehende mathematische Durchdringung dieses Phänomens erfolgt. Das Geschwindigkeits-Zeit-Diagramm des Stratosphärensprungs (s. Arbeitsblatt 1 – Aufgabe 3) zeigt

- die stationäre Geschwindigkeit, das ist jene Geschwindigkeit, bei der sich die Erdanziehungskraft und der Luftwiderstand aufheben,

- die tatsächliche Geschwindigkeit von Felix Baumgartner und
- die theoretische Geschwindigkeit im Vakuum – also die Gerade $v(t) = g \cdot t$.

Dabei muss zum einen die Darstellung als Ganzes, zum anderen müssen aber auch die Graphen mit ihren Einzelheiten erfasst werden – getreu dem zweiten Teil der Paradoxie „*Man kann die Einzelheiten nur verstehen, wenn man das Ganze verstanden hat.*" (Vollrath, 1993). Neben dem Ablesen und Umrechnen (z. B. Mach in m/s) von Werten aus dem Diagramm ist die Kenntnis des mathematischen Zusammenhangs von Geschwindigkeit und Beschleunigung ($v' = a$) wesentlich. Die Lösung der Aufgabe „Nimm an, dass Felix Baumgartner mit seinem Druckanzug rund 100 kg gewogen hat und berechne, welchen Wert der Proportionalitätsfaktor k (aus Aufgabe 2) beim Geschwindigkeitsmaximum des Sprungs gehabt hat!" (s. Arbeitsblatt 1 – Aufgabe 3) führt über die Bedingung $a = 0$ für das Geschwindigkeitsmaximum. Damit ergibt sich aus $ma = mg - kv^2$ ein Wert von ungefähr 2,377 kg/m für k.

2.2 Weiterführende Überlegungen zur Atmosphärendichte

Den meisten Schülern/innen ist aus ihrer eigenen Erfahrung (Gebirgstouren, Flugreisen, …) bekannt, dass die Erdatmosphäre unterschiedliche Temperaturen aufweist. Eine schematische Darstellung des Temperaturverlaufs in der Erdatmosphäre bildet den Ausgangspunkt der weiterführenden Überlegungen (s. Arbeitsblatt 2). Dass die Abnahme der Atmosphärendichte mit zunehmender Höhe entsprechend einem Exponentialgesetz $\rho(h) = \rho_0 \cdot e^{-\frac{h}{h_S}}$ mit einer festen Skalenhöhe h_S nur für Bereiche gilt, in denen sich die Temperatur nicht stark ändert, ist eine weitere wichtige Information zur Bearbeitung des Stratosphärensprungs, die nicht bei allen Lernenden vorausgesetzt werden kann. Daher widmen wir dem Zusammenhang zwischen Atmosphärendichte und Höhe noch mehr Aufmerksamkeit. Wir ziehen dazu das in

den 60er und 70er Jahren von der NOAA (National Oceanic and Atmospheric Administration), der NASA (National Aeronautics and Space Adminstration) und der USAF (United States Air Force) entwickelte mathematische Modell für die Erdatmosphäre (U.S. Standard Atmosphere, 1976) heran, das Referenzwerte für die Dichte in Abhängigkeit von der Seehöhe bei einer geografischen Breite von 45° und den dort durchschnittlich herrschenden atmosphärischen Bedingungen liefert (s. Arbeitsblatt 2 – Aufgabe 2) und betrachten die absoluten und relativen Unterschiede zwischen den Referenzwerten und den mit der Formel $\rho(h) = \rho_0 \cdot e^{-\frac{h}{8400\mathrm{m}}}$ mit $\rho_0 = 1,2\,\mathrm{kg/m^3}$ ermittelten Werten. Die absoluten Unterschiede sind natürlich sehr klein, sie liegen zwischen $-0,0747$ kg/m^3 und ungefähr $0,0229$ kg/m^3. Die relativen Unterschiede hingegen sind enorm. Auf einer Höhe von 40 km beträgt der Referenzwert $0,0039957$ kg/m^3, das sind nur rund 39 % des mit $\rho(h)$ ermittelten Werts von $0,010259171$ kg/m^3.

Tab. 1 Vergleich der berechneten Dichtewerte mit den Referenzwerten

Seehöhe in km	0	1	2	3
Referenz wert	1,225	1,1117	1,0066	0,90925
$\rho(h)$	1,2	1,06531863	0,945753153	0,839607045
	…	…	…	…
37	**38**	**39**	**40**	
0,0062355	0,0053666	0,0046268	0,0039957	
0,014662818	0,013017145	0,011556172	0,010259171	

Damit wird also rasch deutlich, dass das angenommene Exponentialgesetz im Bereich der Stratosphäre sehr ungenaue Ergebnisse bringt. Wir suchen deshalb eine Exponentialfunktion, die für diesen Bereich bessere Werte – mit kleineren relativen Unterschieden – liefert (s. Arbeitsblatt 2 – Aufgabe 2b). Es genügt an dieser Stelle, wenn Schüler/innen eine solche Exponentialfunktion durch Probieren bzw. Experimentieren (in der Tabelle oder mit Schiebereglern) eruieren.

Durch Interpolation der tabellierten Werte der US-Standardatmosphäre erhalten wir ein realistisches Modell der Atmosphärendichte, das die Troposphäre und die Stratosphäre umfasst. Dabei ist der Einsatz von Technologie, sei es eine Tabellenkalkulation oder ein Computeralgebrasystem, unbedingt notwendig. Eine Interpolation mittels kubischer Splines[2] ist besonders gut geeignet, doch auch ein exponentielles Modell (s. Arbeitsblatt 2) liefert schon brauchbare Ergebnisse.

2.3 Aufstellen der Differentialgleichung

Ausgehend von der Formel $ma = mg - kv^2$ und der auf dem Arbeitsblatt 1 diskutierten Gestalt des Faktors k werden die Schüler/innen mit dem Problem der Berechnung von Felix Baumgartners Geschwindigkeit in Abhängigkeit der Zeit zunächst auf rein qualitativer Ebene konfrontiert. Unmittelbar nach Verlassen der Kapsel ist Felix Baumgartner quasi im freien Fall. Seine Geschwindigkeit nimmt entsprechend der Formel $v(t) = g \cdot t$ zu. Mit zunehmender Geschwindigkeit und abnehmender Höhe wird aber auch der Luftwiderstand größer – einerseits wegen des Faktors v^2 und andererseits wegen der Proportionalität von k zur Atmosphärendichte. Die Beschleunigung wird also kleiner und die Geschwindigkeitszunahme erfolgt langsamer. Irgendwann wird der Term kv^2 die Gravitationskraft mg ganz kompensieren und die Geschwindigkeit nicht weiter zunehmen – sie wird von nun an sogar wieder abnehmen, da die Atmosphärendichte und damit der „Bremsfaktor" k immer größer wird, je nä-

her Felix Baumgartner der Erdoberfläche kommt. Nach dieser qualitativen Überlegung lässt sich die Geschwindigkeits-Zeit-Kurve bereits schematisch zeichnen – die Geschwindigkeit steigt zunächst linear, dann zunehmend langsamer, erreicht ein Maximum und nähert sich dann asymptotisch der stationären Geschwindigkeit. In der Folge sollte mit den Schülern/innen auf die wesentlichen Probleme beim Versuch einer mathematisch exakten Beschreibung eingegangen werden – die zeitliche Änderung der zu ermittelnden Größe hängt von deren momentanem Wert ab – hinter der Gleichung $ma = mg - kv^2$ verbirgt sich eigentlich die Differentialgleichung $m\dot{v} = mg - kv^2$ bzw. $m\ddot{s} = mg - \frac{cw}{2} \cdot A \cdot \rho(s)\dot{s}^2$. Neben der gesuchten Funktion selbst kommen in dieser Gleichung also auch Ableitungen der Funktion vor. Zwar kann im Unterricht wohl kaum besonders tief in die Theorie der Differentialgleichungen eingedrungen werden, die wesentliche Eigenschaft eines Vorgangs, die zu einer Beschreibung als Differentialgleichung führt, kann aber im Kontext zeitlich veränderlicher Größen durchaus von Schülern/innen erfasst werden – eine Größe, deren zeitliche Änderungsrate von ihrem momentanen Wert abhängt, lässt sich als Lösung einer Differentialgleichung beschreiben – also einer Gleichung, in der neben der zu ermittelnden Größe selbst auch deren Ableitungen auftreten.

3 Lösen der Differentialgleichung des freien Falls mit Luftwiderstand

Das numerische Lösen der Differentialgleichung des freien Falls mit höhenabhängiger Atmosphärendichte geht zwar über den Schulstoff hinaus, doch findet sich gerade darin viel Potential für schöne Erfolgserlebnisse der Schüler/innen, wenn etwa die berechneten Lösungskurven mit dem Geschwindigkeits-Zeit-Diagramm aus den realen Daten vom Stratosphärensprung (s. Abb. 1) verglichen werden. Ein elektronisches Arbeitsblatt in Excel oder einem Computeralgebrasystem wie Mathcad, in welchem ein numerischer Lösungsalgorithmus bereits implementiert ist und die Schü-

---

[2] Ein Spline n-ten Grades ist eine stückweise aus Polynomen (höchstens) n-ten Grades zusammengesetzte Funktion. An den Nahtstellen werden Anschlussbedingungen gestellt, etwa dass der Spline $(n-1)$-mal stetig differenzierbar ist. Für $n = 1, 2, 3$ spricht man von linearen, quadratischen bzw. kubischen Splines. Die meisten Computeralgebrasysteme verfügen über Befehle, die es erlauben, die Interpolationsfunktion dergestalt zu konstruieren, dass sie direkt in den Koeffizienten einer numerisch zu lösenden Differentialgleichung verwendet werden kann.

ler/innen lediglich die Anfangsdaten sowie die von ihnen ermittelte Dichtefunktion $\rho(h)$ eingeben müssen, stellt ein probates Hilfsmittel dar.

3.1 Implementierung

Wir verdeutlichen dies anhand einer in PTC Mathcad Prime 2.0 erstellten Lösung. Dividiert man die Differentialgleichung $m\ddot{s} = mg - \frac{c_W}{2} \cdot A \cdot \rho(s)\dot{s}^2$ durch m, so erhält man $\ddot{s} = g - \frac{c_W}{2m} \cdot A \cdot \rho(s)\dot{s}^2$. Die Erdbeschleunigung g kann auch für Sprünge aus der Stratosphäre noch als konstant angenommen werden, da die Absprunghöhe von 40 km viel kleiner als der Erdradius ist. Für die Dichte $\rho(h)$ kann sowohl die von den Schülern/innen ermittelte Exponentialfunktion als auch die aus den tabellierten Werten der US-Standardatmosphäre erzeugte Interpolationsfunktion herangezogen werden. Um den noch verbleibenden Faktor $\frac{c_W}{2m} \cdot A$ zu bestimmen, bedient man sich desselben Tricks wie bei der Berechnung des Faktors k auf Arbeitsblatt 1 (Aufgabe 3). Im Geschwindigkeitsmaximum ist die Beschleunigung null, somit lässt sich der Wert von $b := \frac{c_W}{2m} \cdot A$ bei Felix Baumgartners Stratosphärensprung unmittelbar aus den Daten für den Punkt der erreichten Maximalgeschwindigkeit und der Dichte $\rho(h)$ berechnen.

Zur numerischen Lösung der Differentialgleichung kann das Runge-Kutta-Verfahren mit fixer Schrittweite verwendet werden. Zunächst werden Anfangs- und Endzeit sowie die Zahl der Schritte festgelegt.

$$t_a := 0 \quad t_e := 350 \quad N := 40.000$$

Die Differentialgleichung muss noch in ein System 1. Ordnung umgeschrieben werden und nach Wahl von Anfangsdaten numerisch gelöst werden.

$$init := \begin{bmatrix} 38.969{,}4 \\ 0 \end{bmatrix}$$

$$D(t, Y) := \begin{bmatrix} Y_1 \\ g_0 + b \cdot \rho(Y_0) \cdot Y_1^2 \end{bmatrix}$$

$$Z := \text{rkfixed}(init, t_a, t_e, N, D)$$

Abbildung 1 zeigt den so erhaltenen Geschwindigkeits-Zeit-Verlauf $Z^{(2)}(t)$ für eine Dichtefunktion $\rho(h) = 1{,}85 \cdot e^{-\frac{h}{6400\mathrm{m}}}$ kg/m^3 (als Beispiel für eine von Schülern/innen empirisch ermittelte Exponentialfunktion – s. Arbeitsblatt 2). Außerdem ist der Verlauf der Schallgeschwindigkeit c_S eingezeichnet.[3] Die dargestellten Datenpunkte sind die Originaldaten aus dem Summary Report (s. Arbeitsblatt 1).

Man sieht eine sehr gute Übereinstimmung der berechneten Kurve mit den realen Datenpunkten, vor allem können die Schüler/innen mit anderen Anfangsbedingungen experimentieren und z. B. Sprünge aus noch größerer oder geringerer Höhe simulieren und die jeweils erreichten Maximalgeschwindigkeiten miteinander vergleichen. Das Modell kann noch weiter verfeinert werden:

- Eine Spline-Interpolation der US-Standardatmosphärenreferenzwerte anstelle einer rein exponentiellen Atmosphärendichtefunktion ergibt ein über den gesamten Bereich von 0 km bis 40 km gültiges Modell.
- Das abrupte Ansteigen des c_W-Werts bei Überschreiten der Schallgeschwindigkeit (vgl. Bailey, Hiatt, 1971) kann durch eine geschwindigkeitsabhängige Funktion $c_W(v)$ in die Modellierung einfließen.
- Die sich während des Sprungs verändernde Körperhaltung Felix Baumgartners kann mittels einer dimensionslosen Funktion der Zeit, die als zusätzlicher Faktor in den Koeffizienten b eingeht, berücksichtigt werden.

Das Problem „Felix Baumgartner" wäre damit zur Genüge behandelt. Der interplanetare Raum hingegen hält noch weitere fallende Körper für uns bereit. Mit geringem mathematischen Aufwand lassen sich grundlegende Erkenntnisse der Himmelsmechanik verstehen.

---

[3] Dass Felix Baumgartner bei seinem Stratosphärensprung die Schallgeschwindigkeit überschreitet, war ein wesentliches Ziel des Projekts. Die Schallgeschwindigkeit in Gasen ist eine Funktion der Temperatur und ändert sich deshalb während des Falls. Die dargestellte Schallgeschwindigkeitskurve entstand durch Interpolation der tabellierten Werte der Schallgeschwindigkeit für die US-Standardatmosphäre.

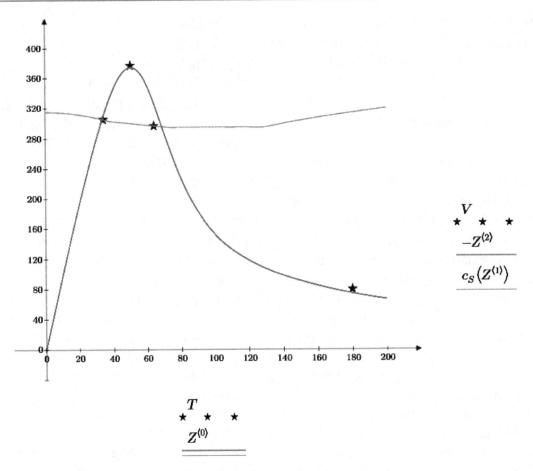

Abb. 1 Berechnete Geschwindigkeits-Zeit-Kurve des Stratosphärensprungs

4 Von der Stratosphäre bis zum Kuipergürtel

Was unterscheidet nun einen Fallschirmspringer oder einen Meteoriten, die „auf die Erde fallen", von einem Satelliten oder der Internationalen Raumstation, die „um die Erde kreisen"? Der Unterschied besteht alleine in der Größe der Tangentialgeschwindigkeit bezüglich des Erdmittelpunkts (bei Vernachlässigung des Luftwiderstands). Satelliten fallen genauso zur Erde wie Felix Baumgartner bei seinem Stratosphärensprung. Sie fallen nur immer an der Erde vorbei. Hätte Felix Baumgartner beim Verlassen des Ballons eine ausreichend große tangentiale Geschwindigkeitskomponente erreicht, etwa mithilfe eines Raketenanzugs, dann wäre er nicht zur Erde zurückgekehrt, sondern würde noch immer die Erde umrunden. Was für eine interessante Vorstellung!

4.1 Umlaufbahnen

Bereits Isaac Newton hat erkannt, dass eine Kanonenkugel, wenn sie nur mit ausreichend hoher Geschwindigkeit abgefeuert würde, niemals auf der Erde aufschlagen, sondern diese ewig umrunden oder gar sich immer weiter von ihr entfernen würde (Tipler, 1994). Natürlich hat Newton hier bewusst den Luftwiderstand vernachlässigt, der ja stets bremsend wirkt und zu einer kontinuierlichen Geschwindigkeitsabnahme führt. Prinzipiell ist seine Überlegung aber völlig korrekt. Es ist auch gar nicht schwer, auszurechnen, wie schnell eine Kanonenkugel sein muss, um in eine Erdumlaufbahn zu gelangen (die „erste kosmische Geschwindigkeit").

Dazu kann folgende Aufgabe gelöst werden: Stell dir vor, du schleuderst einen an einer Schnur befestigten Tennisball im Kreis (deine Hand ist der

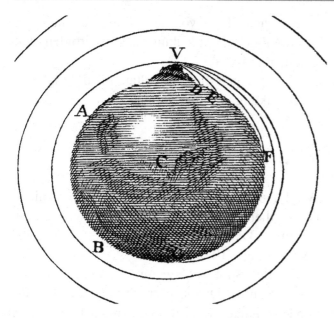

Abb. 2 Newtons Kanone (Newton, ca. 1680)

Mittelpunkt). Um den Tennisball auf einer Kreisbahn zu halten, musst du eine zum Mittelpunkt gerichtete Kraft auf den Ball ausüben (die Zentripetalkraft), du musst also an der Schnur „ziehen". Genauso zieht die Erde durch ihre Gravitationskraft an den sie umkreisenden Körpern. Daher ist hier die Gravitationskraft $\frac{G \cdot m \cdot M}{r^2}$ gleich der Zentripetalkraft $\frac{m \cdot v^2}{r}$ ($G = 6{,}67384 \cdot 10^{-11} \mathrm{m^3 kg^{-1} s^{-2}}$ ist die Newtonsche Gravitationskonstante, $M = 5{,}9736 \cdot 10^{24}$ kg die Erdmasse, r der Abstand zum Erdmittelpunkt und v die tangentiale Geschwindigkeit des Körpers). Zur tieferen Durchdringung dieses Phänomens können Aufgabenstellungen wie die folgenden beitragen.

- Berechne die erste kosmische Geschwindigkeit sowie die Bahngeschwindigkeit und Umlaufzeit eines geostationären Satelliten.
  Radius des Erdäquators: 6378 km
  Radius der Bahn eines geostationären Satelliten: 42.164 km
- Kannst du erklären, warum Satelliten, die der Erddrehung folgend die Erde in einer Höhe von etwa 35.786 km über dem Äquator ($= 42.164$ km $- 6378$ km) umrunden, geostationär genannt werden?

4.2 Asteroiden, Meteoriten, Kometen – eine abwendbare Gefahr?

Untersucht man die Bewegung eines Körpers im Gravitationsfeld eines viel schwereren Körpers (etwa der Mond im Schwerefeld der Erde oder die Erde im Schwerefeld der Sonne) und können die gravitativen Einflüsse anderer Körper weitgehend vernachlässigt werden, dann spricht man vom sogenannten Keplerproblem. Johannes Kepler hat gezeigt, dass als mögliche Bahnen des leichteren Körpers nur Kegelschnitte, also Kreise, Ellipsen, Parabeln und Hyperbeln in Frage kommen (Keplerbahnen). Der Mond bewegt sich auf einer Ellipse um die Erde, die acht Planeten unseres Sonnensystems bewegen sich auf Ellipsenbahnen um die Sonne. Doch es gibt noch viel mehr Objekte auf Umlaufbahnen um die Sonne, etwa Zwergplaneten, Asteroiden und Meteoriden. Die meisten Meteoriden und Asteroiden im Sonnensystem finden sich im Asteroidengürtel zwischen den Bahnen von Mars und Jupiter sowie im sogenannten Kuipergürtel jenseits der Neptunbahn. Der Kuipergürtel enthält Zehntausende Asteroiden mit mehr als 100 km Durchmesser. Kollidiert einer davon mit der Erde, hätte dies verheerende Auswirkungen auf die Biosphäre. Beim letzten größeren Meteoriteneinschlag in Russland im Februar 2013 wurden rund 1200 Menschen verletzt (www.welt.de). Solche Ereignisse sind aber zum Glück sehr selten. Falls aber doch ein Asteroid auf Kollisionskurs mit der Erde ist, kann seine Bahn theoretisch noch beeinflusst werden, wenn er rechtzeitig entdeckt wird. Sowohl die amerikanische als auch die europäische Raumfahrtagentur entwickeln Konzepte, um im Ernstfall einen Asteroiden ablenken zu können. Einer der vielversprechendsten Vorschläge ist die Fokussierung von Sonnen- oder Laserlicht auf den Asteroiden. Dabei verdampfen Teilchen auf der Oberfläche des Asteroiden. Dies führt dann zu einer kleinen Richtungsänderung des Asteroiden. Geschieht dies in ausreichender Entfernung von der Erde, kann eine Kollision noch abgewendet werden. Sobald dies technisch möglich ist, gilt es nur noch, den Asteroiden rechtzeitig zu entdecken, was aber sehr unwahrscheinlich ist, wie die letzte Aufgabe verdeutlicht.

Aufgabe: Vor ca. 65 Millionen Jahren entstand der Chicxulub-Krater (170 km Durchmesser) auf der Halbinsel Yucatan (Mexiko) durch den Einschlag eines vermutlich etwa 10 km großen Eisenasteroiden. Dieser Einschlag hat das Klima auf der Erde so stark verändert, dass es zu einem Massensterben kam. Nimm an, dass sich der Eisenasteroid mit rund 30.000 km/h direkt auf die Erde zubewegt hat. Angenommen, die Richtung des Geschwindigkeitsvektors des Asteroiden lässt sich mit einem im Weltraum postierten Laser um 0,00005° verändern.

- In welcher Entfernung von der Erde hätte man diesen Asteroiden spätestens entdecken müssen, um seine Kollision mit der Erde noch zu verhindern (der Erdradius am Äquator beträgt 6378 km)?

- Wie viele Tage vor dem Einschlag hätte die letztmögliche Ablenkung des Asteroiden stattfinden müssen?
- Was bedeuten diese Resultate für die Pläne zur Ablenkung von Asteroiden?

5 Epilog

Wir haben nun Raum und Zeit mit verschiedenen mathematischen Methoden durchwandert und erkannt: „Die Welt ist alles, was der Fall ist." (Wittgenstein, 1922)

Von der Stratosphäre zum Kuipergürtel, vom Aussterben der Dinosaurier zur Gegenwart – Aufgabenstellungen rund um den freien Fall machen es möglich, räumliche und zeitliche Distanzen zu durchschreiten. Dabei benötigen wir nicht mehr als Formeln, Funktionen, einfache trigonometrische Beziehungen und für die Berücksichtigung des Luftwiderstands Grundkenntnisse von Differentialgleichungen, deren Lösung wir der Technologie überlassen (können).

Arbeitsblatt 1: Der freie Fall mit Luftwiderstand – Entwicklung eines Modells

In der Newtonschen Physik versteht man unter einem freien Fall die Bewegung eines Körpers, auf den keine Kräfte außer der Gravitationskraft wirken. Ein im freien Fall befindlicher Körper erlebt den Zustand der Schwerelosigkeit. Als sich Felix Baumgartner am 14. 10. 2012 aus einer 40 km über der Erde schwebenden Kapsel stürzte, war er für kurze Zeit ebenso schwerelos wie ein Raumfahrer in der Internationalen Raumstation, denn in dieser Höhe ist die Luftdichte 250-mal kleiner als auf der Erdoberfläche. Felix Baumgartner fiel also praktisch im Vakuum und es dauerte etwa eine halbe Minute, bis sein Fall allmählich vom zunehmenden Luftwiderstand gebremst wurde.

1. Für den freien Fall im Vakuum gilt für die Fallstrecke s und die Geschwindigkeit v als Funktionen der Zeit t: $s(t) = \frac{1}{2} \cdot g \cdot t^2$ und $v(t) = g \cdot t$, wobei $g \approx 9{,}80665 \, \text{m/s}^2$. Welcher Zusammenhang besteht zwischen s und v? Begründe! Gib an, wie du die Beschleunigung a im Zusammenhang mit s und v ermitteln kannst!

Umgangssprachlich wird auch der „ungebremste" Fall eines Körpers innerhalb der Erdatmosphäre als freier Fall bezeichnet. Es handelt sich dabei aber nicht um einen freien Fall im physikalischen Sinn. Denn die Luftteilchen der Atmosphäre üben durch Stöße eine gegen die Bewegungsrichtung wirkende Kraft auf den fallenden Körper aus. Der fallende Körper ist also neben der Gravitationskraft auch einer Luftwiderstandskraft ausgesetzt und daher nicht im freien Fall. Wir sprechen dann vom „realen Fall" oder (etwas unsauber) vom „freien Fall mit Luftwiderstand".

Um den Stratosphärensprung über die ersten 30 Sekunden hinaus mathematisch zu beschreiben, muss auch der Luftwiderstand berücksichtigt werden.

2. Für den freien Fall mit Luftwiderstand gilt: $ma = mg - kv^2$, wobei $-kv^2$ die Luftwiderstandkraft ist. Außerdem beschreibt
   - m die Masse in kg,
   - a die Beschleunigung m/s^2,
   - g wie zuvor die Erdbeschleunigung,
   - v die Geschwindigkeit in m/s und
   - k ist ein Proportionalitätsfaktor, dessen Größe von der Dichte der Atmosphäre und der Beschaffenheit (Angriffsfläche und Form) des fallenden Objekts abhängt.

   Der Faktor k soll mit den folgenden Aufgabenstellungen näher betrachtet werden.

   (a) Überlegt, wie sich die Dichte der Atmosphäre mit zu- bzw. abnehmender Höhe verändert und begründet mithilfe der barometrischen Höhenformel[4] $\rho(h) = \rho_0 \cdot e^{-\frac{h}{8400\,\text{m}}}$, wobei $\rho(h)$ die Dichte auf Höhe h ist und $\rho_0 = 1{,}2 \, \text{kg/m}^3$! Wie schwer ist 1 m^3 Luft auf der Absprunghöhe von 40 km, wie schwer auf einer Höhe von 10 km bzw. 1 km (das entspricht ungefähr der Höhe von Baumgartners Landung)? Was bedeuten diese Ergebnisse für den Druckunterschied beim Stratosphärensprung? Beschreibt, wie sich k verändert, wenn sich die Dichte $\rho(h)$ der Atmosphäre verdoppelt, verdreifacht, vervierfacht, halbiert, ...!

   (b) Beim Stratosphärensprung beeinflusste die Körperhaltung von Felix Baumgartner die Größe der Angriffsfläche A. Überlegt, wie Felix Baumgartner seine Angriffsfläche möglichst klein oder

---

[4] Diese gilt nur für eine Atmosphäre mit konstanter Temperatur.

auch möglichst groß hätte machen können! Beschreibt, wie sich k verändert, wenn die Angriffsfläche verdoppelt, verdreifacht, vervierfacht, halbiert wird!

(c) Auch die Form des fallenden Objekts beeinflusst den Wert von k. Stell dir vor, du springst mit einem aufgespannten Regenschirm und hältst ihn einmal mit der Spitze nach oben und einmal mit der Spitze nach unten. Wie beeinflusst das den Fall[5]? Die Aerodynamik beschäftigt sich unter anderem mit solchen Fragen und untersucht, welche Formen den geringsten Luftwiderstand haben. Dies wird mit dem sogenannten c_W-Wert angegeben, der ebenfalls in den Proportionalitätsfaktor k eingeht.

Insgesamt gilt: $k = \frac{c_W}{2} \cdot A \cdot \rho$

Fasst eure Überlegungen zum Faktor k aus (a) – (c) zusammen!

3. Die nachstehende Abbildung beruht auf Daten aus dem „Summary Report" des Stratosphärensprungs und zeigt

(a) die stationäre Geschwindigkeit, das ist jene Geschwindigkeit, bei der sich die Erdanziehungskraft und der Luftwiderstand aufheben,

(b) die tatsächliche Geschwindigkeit von Felix Baumgartner und

(c) die theoretische Geschwindigkeit im Vakuum – also die Gerade $v(t) = g \cdot t$.

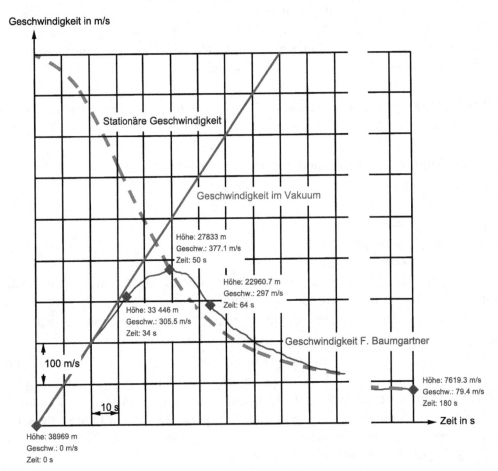

Lest aus der Abbildung die dort eingetragenen Werte der Höhe, Geschwindigkeit und Zeit ab und tragt sie in die Tabelle ein! Berechnet mithilfe der Schallgeschwindigkeit (1 Mach entspricht in

---

[5] Probiert eventuell selbst mit einer Plastikschüssel aus.

trockener Luft bei 20° Celsius in etwa 340 m/s) näherungsweise die Geschwindigkeit von Felix Baumgartner in Mach.

Zeit in s	Geschwindigkeit in Mach	Geschwindigkeit in m/s	Höhe in m
0	0	0	38.969

Beantwortet nun folgende Fragen!

Nach wie vielen Sekunden erreichte Felix Baumgartner seine maximale Geschwindigkeit in Mach bzw. m/s? Wie groß war diese?

Was kannst du über die Beschleunigung zu diesem Zeitpunkt aussagen?

Nimm an, dass Felix Baumgartner mit seinem Druckanzug rund 100 kg gewogen hat und berechne, welchen Wert der Proportionalitätsfaktor k (aus Aufgabe 2) beim Geschwindigkeitsmaximum des Sprungs gehabt hat!

Arbeitsblatt 2: Weiterführende Überlegungen zur Dichte der Erdatmosphäre

Beim Stratosphärensprung passierte Felix Baumgartner verschiedene Schichten der Erdatmosphäre, die unterschiedliche Dichte und Temperatur aufweisen. Die Formel $\rho(h) = \rho_0 \cdot e^{-\frac{h}{8400\,\mathrm{m}}}$ $(\rho_0 = 1{,}2\,\mathrm{kg/m^3})$ gibt nur für einen begrenzten Bereich eine gute Näherung an und kann unter gewissen Vorrausetzungen durch eine „bessere" ersetzt werden.

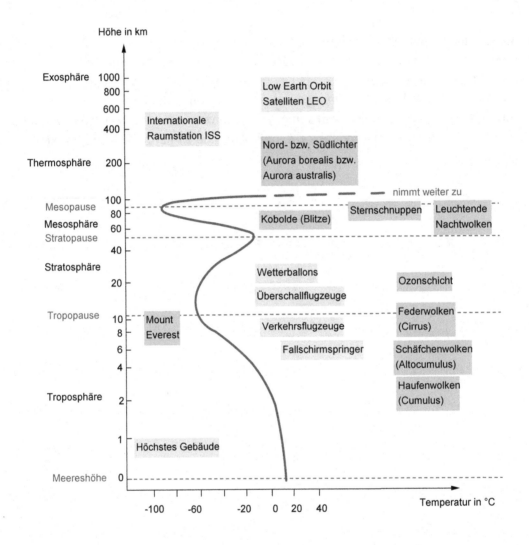

1. Begründe mithilfe der Abbildung, warum der Sprung von Felix Baumgartner „Stratosphärensprung" genannt wird und beschreibe, wie sich die Temperatur im Verlauf des Sprungs verändert hat!

2. In den 60er Jahren wurde von der NOAA (*National Oceanic and Atmospheric Administration*) zusammen mit der NASA (*National Aeronautics an Space Administration*) *und der USAF* (*United States Air Force*) ein mathematisches Modell für die Erdatmosphäre entwickelt, das bis heute das international gültige Standardmodell darstellt. In diesem Modell lässt sich die Dichte der Erdatmosphäre in Abhängigkeit von der Seehöhe (bei einer geografischen Breite von 45° und den dort durchschnittlich herrschenden atmosphärischen Bedingungen) berechnen. Diese Referenzwerte findest du in der nachstehenden Tabelle.

Seehöhe	0	1	2	3
Referenzwert für die Dichte	1,225	1,1117	1,0066	0,90925
	4	5	6	7
	0,81935	0,73643	0,66011	0,59002
	8	9	10	11
	0,52579	0,46706	0,41351	0,3648
	12	13	14	15
	0,31194	0,2666	0,22786	0,19476
	16	17	18	19
	0,16647	0,1423	0,12165	0,104
	20	21	22	23
	0,08891	0,075715	0,06451	0,055006
	24	25	26	27
	0,04938	0,040084	0,034257	0,029298
	28	29	30	31
	0,025076	0,021478	0,01841	0,015792
	32	33	34	35
	0,013555	0,011573	0,0098874	0,0084634
	36	37	38	39
	0,0072579	0,0062355	0,0053666	0,0046268
	40			
	0,0039957			

(a) Stellt diese Werte mithilfe einer Tabellenkalkulation dar und vergleicht sie mit jenen, die sich aufgrund der Formel $\rho(h) = \rho_0 \cdot e^{-\frac{h}{8400\text{m}}}$; mit $\rho_0 = 1{,}2\,\text{kg/m}^3$ ergeben! In welchen Bereichen sind die absoluten und relativen Unterschiede besonders groß bzw. klein?

(b) Versucht, eine Exponentialfunktion der Form $\rho(h) = \rho_0 \cdot e^{-\frac{h}{h_S}}$ anzugeben, welche die ersten 15 km des Stratosphärensprungs gut beschreibt, d. h. die relativen Unterschiede zu den Werten der obigen Tabelle sollen möglichst klein werden.
Wählt dafür Werte von ρ_0 zwischen $1{,}5\,\text{kg/m}^3$ und $2\,\text{kg/m}^3$ und für die Skalenhöhe h_S Werte zwischen 6 km und 8 km! Gebt die Funktionsgleichung an!

Literatur

Bailey, A.B., Hiatt, J.: Free-flight measurements of sphere drag at subsonic, transonic, supersonic, and hypersonic speeds for continuum, transition and near-free-molecular flow conditions. Von Karman Gas Dynamics Facility, Arnold Engineering Development Center, Air Force Systems Command, Arnold Air Force Station, Tennessee (1971)

Barzel, B., Büchter, A., Leuders, T.: Mathematik Methodik. Handbuch für die Sekundarstufe I und II. Cornelsen Scriptor, Berlin (2011)

Böswirth, L.: Technische Strömungslehre. Vieweg+Teubner Verlag, Wiesbaden (2010)

Fowles, G.R., Cassiday, G.L.: Analytical Mechanics Saunders Golden Sunburst Series. (1998)

Maaß, J.: Mathematische Technologie = sozialverträgliche Technologie? Zur mathematischen Modellierung der gesellschaftlichen „Wirklichkeit" und ihren Folgen. In: Tschiedel, R. (Hrsg.) Die technische Konstruktion der gesellschaftlichen Wirklichkeit. Profil-Verlag, München (1990)

National Oceanic and Atmospheric Administration, National Aeronautics and Space Administration, United States Airforce, *U.S. Standard Atmosphere* (1976), NASA-TM-X-7433b.

Newton, I.: A Treatise of the System of the World (ca. 1680)

Red Bull Stratos Summary Report: Findings of the Red Bull Stratos Scientific Summit. California Science Center, Los Angeles (2013)

Siller, H.-S.: Modellbilden – Ein Thema für den fächerübergreifenden Unterricht. Der Mathematikunterricht – Beiträge zu seiner fachlichen und fachdidaktischen Gestaltung **4**, 28–32 (2010)

Tipler, P.: Physik. Spektrum akademischer Verlag, Heidelberg (1994)

Vollrath, H.J.: Paradoxien des Verstehens von Mathematik. Journal für Mathematikdidaktik **14**(3/4), 35–38 (1993)

Vollrath, H.-J., Roth, J.: Grundlagen des Mathematikunterrichts in der Sekundarstufe. Spektrum Akademischer Verlag (2. Auflage), Heidelberg (2012)

Wittgenstein, L.: Tractus logicus-philosophicus (1922)

Funktionales Denken – ein Weg dorthin

Ein erprobtes Unterrichtskonzept

Peter Stender

Zusammenfassung
Funktionale Zusammenhänge werden im Mathematikunterricht im Wesentlichen auf vier unterschiedliche Weisen repräsentiert: als Funktionsterm, Funktionsgraph, Wertetabelle oder zu einem Sachkontext gehörig. Diese vier Repräsentationen und die verbindenden Repräsentationswechsel bilden Basis für jeden gut ausgeprägten Funktionsbegriff und müssen daher bei der Begriffsbildung von Anfang an im Zentrum stehen. Diese fachdidaktischen Überlegungen werden hier ausgeführt und es wird in Abschn. 2 ein Unterrichtsgang dargestellt, der dies realisiert.

1 Fachdidaktische Aspekte des funktionalen Denkens

1.1 Funktionale Zusammenhänge in den Bildungsstandards

In den verschiedenen Bildungsstandards zu den Abschlüssen in der Sekundarstufe I (z. B. KMK 2003) sind fünf Leitideen für den Mathematikunterricht aufgeführt, darunter die Leitidee vier des funktionalen Zusammenhangs. Die Leitidee vier beschreibt das Denken in funktionalen Zusammenhang wobei im Einzelnen beschreiben wird, welche Tätigkeiten die Schülerinnen und Schüler am Ende von Jahrgang beherrschen sollen. Sie

1. „nutzen Funktionen als Mittel zur Beschreibung quantitativer Zusammenhänge,
2. erkennen und beschreiben funktionale Zusammenhänge und stellen diese in sprachlicher, tabellarischer oder grafischer Form sowie gegebenenfalls als Term dar,
3. analysieren, interpretieren und vergleichen unterschiedliche Darstellungen funktionaler Zusammenhänge (wie lineare, proportionale und antiproportionale),
4. lösen realitätsnahe Probleme im Zusammenhang mit linearen, proportionalen und antiproportionalen Zuordnungen,
5. interpretieren lineare Gleichungssysteme grafisch,
6. lösen Gleichungen, und lineare Gleichungssysteme kalkülmäßig bzw. algorithmisch, auch unter Einsatz geeigneter Software, und vergleichen ggf. die Effektivität ihres Vorge-

P. Stender ✉
Tröndelwisch 14, 22339, Hamburg, Deutschland

J. Maaß, H.-S. Siller (Hrsg.), *Neue Materialien für einen realitätsbezogenen Mathematikunterricht 2*, Realitätsbezüge im Mathematikunterricht, DOI 10.1007/978-3-658-05003-0_9, © Springer Fachmedien Wiesbaden 2014

hens mit anderen Lösungsverfahren (wie mit inhaltlichem Lösen oder Lösen durch systematisches Probieren),

7. untersuchen Fragen der Lösbarkeit und Lösungsvielfalt von linearen und quadratischen Gleichungen sowie linearen Gleichungssystemen und formulieren diesbezüglich Aussagen,

8. bestimmen kennzeichnende Merkmale von Funktionen und stellen Beziehungen zwischen Funktionsterm und Graph her,

9. wenden insbesondere lineare und quadratische Funktionen sowie Exponentialfunktionen bei der Beschreibung und Bearbeitung von Problemen an,

10. verwenden die Sinusfunktion zur Beschreibung von periodischen Vorgängen,

11. beschreiben Veränderungen von Größen mittels Funktionen, auch unter Verwendung eines Tabellenkalkulationsprogramms,

12. geben zu vorgegebenen Funktionen Sachsituationen an, die mit Hilfe dieser Funktion beschrieben werden können."

(KMK 2003 S. 11; die Nummerierungen sind hier zur besseren Bezugnahme hinzugefügt).

Bei diesen Tätigkeiten werden Funktionen jeweils in unterschiedlicher Weise repräsentiert und jeweils auch zwischen den Repräsentationen gewechselt. Diese Repräsentationswechsel stellen einen zentralen Baustein von Grundvorstellungen des funktionalen Denkens dar.

1.2 Ein Denkraster zu funktionalen Zusammenhängen

In (Stender 2001, Seite 14 ff) werden drei Möglichkeiten der Darstellung eines funktionalen Zusammenhangs genannt: mit Hilfe eines Graphen, einer Tabelle oder eines Funktionsterms. In dem gleichen Zusammenhang wird betont, dass eine Vernetzung funktionalen Zusammenhängen mit realen Problemstellungen für die Ausbildung eines von Schülerinnen und Schülern aktiv nutzbaren Funktionsbegriffes unabdingbar ist. Damit ergeben sich für den Unterricht vier zentrale Reprä-

sentationen von Funktionen: Term, Tabelle, Graph und Realsituation. Ein erfolgreicher Umgang mit funktionalen Zusammenhängen bedeutet dabei, je nach den Erfordernissen der Problemsituation zwischen diesen Repräsentationen flexibel wechseln zu können. Damit ergibt sich die tabellarische Darstellung wie sie ähnlicher Form auch in auch in auch Leuders (2005, S. 6) oder Hußmann (2011, S. 10) verwendet wird (Tab. 1).

In Vollrath (1989) werden drei Aspekte ausgeführt, die beim funktionalen Denken zentral sind

1. „Durch Funktionen beschreibt oder stiftet man Zusammenhänge zwischen Größen: einer Größe ist dann eine andere zugeordnet, so dass die eine Größe als abhängig gesehen wird von der anderen." (Vollrath 1989, S. 7)

2. „Durch Funktionen erfasst man, wie Änderungen einer Größe sich auf eine abhängige Größe auswirken." (ebda S. 12)

3. „Mit Funktionen betrachtet man einen gegebenen oder erzeugten Zusammenhang als Ganzes." (ebda S. 16)

Vollrath arbeitet hier schon die zentrale Idee des Repräsentationswechsel heraus: „Die Ausprägung des funktionalen Denkens zeigt sich an der Fähigkeit, in unterschiedlichen Darstellungen von Funktionen das Ganze der Funktion zu erfassen und in der Fähigkeit, vom Einzelnen aufs Ganze und umgekehrt vom Ganzen aufs Einzelne ‚umzuschalten'." (S. 17) Er betrachtet auch die Darstellungen als Term, Tabelle, Graph und die zugrunde liegenden Probleme, systematisiert die auftretenden Repräsentationswechsel noch nicht.

Für die in Bildungsstandards unter der Leitidee funktionales Denken genannten Tätigkeiten lassen sich zum Beispiel die folgenden Übergänge finden:

Beim „Nutzen von Funktionen zur Beschreibung quantitativer Zusammenhänge" wird von einem realen Sachzusammenhang ausgegangen und dieser entweder mit Hilfe in eine Wertetabelle, einen Graph oder einen Funktionsterme übersetzt. Gleiches geschieht in bei den Tätigkeiten 2, 9, 10 und 11.

Bei allen genannten Tätigkeiten, bei denen mit Hilfe von Funktionen Probleme gelöst werden

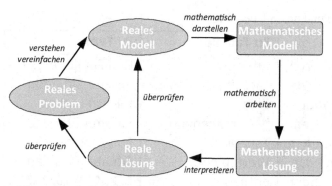

Abb. 1 Modellierungskreislauf nach Kaiser & Stender 2013

sollen, muss nach am Ende ein mathematisches Ergebnis in die Sachsituation übersetzt werden. (Tätigkeiten 4, 9, 10, 11), ein Schritt der in Tätigkeit 12 nochmals explizit genannt wird.

Der Übergang von einer Termdarstellung zu einem Funktionsgraphen tritt in Tätigkeit 5 (Gleichungssysteme grafisch interpretieren) und 8 auf, während beim Vergleich unterschiedlicher Darstellungen (3) praktisch alle Repräsentationen einer Funktion und damit alle Übergänge auftreten können.

Die Tätigkeiten 6 und 7 beziehen sich im Wesentlichen auf den Umgang mit Termen und Gleichungen, hier müssen also unterschiedliche Darstellungen z. B. eines Gleichungssystems erarbeitet werden, um zur Lösung zu kommen. Repräsentationswechsel können also auch jeweils innerhalb einer Darstellung selbst auftreten.

Weitere Zuordnungen sind durch Angabe der oben verwendeten Nummern in der Tab. 1 vorgenommen.

Die grau unterlegten Zellen in dieser Tabelle markieren dabei diejenigen Aspekte, in denen Übersetzungsleistungen von innermathematischen Repräsentationen zu außermathematischen Repräsentationen oder umgekehrt vorgenommen werden müssen. Unter dem Aspekt der Modellierungskompetenz sind diese gerade die im Modellierungskreislauf mit „mathematisch darstellen" und „interpretieren" bezeichneten Übergänge, während die anderen neun Felder innermathematische Repräsentationswechsel beschreiben.

Bei den innermathematischen Repräsentationen ist die Beziehung zum mathematischen Kern

des Funktionsbegriffs naturgemäß gut erkennbar: Funktionen sind Mengen von linkseindeutigen Paaren. In einer Wertetabelle werden einige Paare exemplarisch aufgeführt, beim Funktionsgraph werden die zur Funktion gehörenden Paare in der Menge aller Paare (x, y) in einem Ausschnitt der Ebene des $\mathbb{R}^2$ markiert und der Funktionsterm findet sich sehr deutlich in der Darstellung $f : (x, x^2 - 3x + 2)$ wieder, die jedoch in der Schulmathematik wenig verbreitet ist. Ich verwende hier die Bezeichnung „Funktionsterm" und nicht die auch verbreiteten Bezeichnung „Funktionsgleichung". Der Ausdruck „Funktionsgleichung" erzeugt bei Schülerinnen und Schülern eine gedankliche Verbindung zu anderen (zu lösenden) Gleichungen. Der wichtige Unterschied erschließt sich Lernenden oft nicht: eine Funktionsgleichung ist präzise eine Definitionsgleichung, es steht also per Definition links und rechts das gleiche; eine zu lösende Gleichung kommt jedoch oft (jede Gleichung kann so interpretiert werden) aus der Gleichsetzung zweier Funktionen zustande, es werden also genau die Fälle gesucht werden, die dazu führen, das links und rechts das gleiche steht.

Eine sprachliche Beschreibung des funktionalen Zusammenhangs rückt die Beziehung zu den Sachkontexten mehr in den Fokus: Ein funktionaler Zusammenhang beschreibt die Beziehung zwischen zwei Größen, wobei die zweite Größe aus der ersten eindeutig bestimmt werden kann. In der Schulmathematik erfolgt dieses „bestimmen" in der Regel durch eine Rechnung.

Ein wichtiger Bereich, in dem die funktionalen Zusammenhänge nicht berechnet werden, sind relationale Datenbanken. Dort wird das Konzept der „funktionalen Abhängigkeit" wiederum durch Tabellen realisiert und spielt in der Datenbanktheorie eine zentrale Rolle.

1.3 Anforderungen an einen Unterrichtsgang zum funktionalen Denken

In einem Unterrichtsgang, der funktionales Denken bei Schülerinnen und Schülern entwickeln

Tab. 1 Repräsentationen für funktionale Zusammenhänge und deren Übergänge

	Zu Situation	Zu Graph	Zu Tabelle	Zu Term
Von Situation	Beschreiben, vereinfachen, wesentliches heraus stellen 2, 9, 10, 11	Qualitative Skizzen fertigen aufgrund der Sachsituation oder Zeichnungen direkt aus Daten in der Situation oder im beschreibenden Text anfertigen. 1, 2, 3, 4, 9, 10, 11	Aus der Sachsituation oder dem beschreibenden Text direkt Wertepaare entnehmen 1, 2, 3, 9, 10, 11	Den Funktionstyp aus der Situation folgern und die Parameter aufgrund der Situation wählen 1, 2, 4, 9, 10, 11
Von Graph	Verlauf des Graphen im Kontext beschreiben 3, 4, 9, 10, 11, 12	Koordinatensystem verändern (z.B. auch Verschieben, Verzerren, Drehen, Spiegeln, verwenden von Polarkoordinaten) 11	Punkte systematisch ablesen und in eine Tabelle eintragen 3, 11	Den Funktionstyp aus dem Graphen folgern und die Parameter aufgrund der Graphen wählen 3, 8
Von Tabelle	Wertepaare im Kontext beschreiben, systematische Veränderungen aus der Tabelle entnehmen und im Kontext beschreiben können 3, 4, 9 ,10, 11, 12	Punkte einzeichnen und sinnvoll verbinden 3, 11	Tabelle mit weiteren Einträgen versehen, z.B. in sinnvollen Teilen ein feineres Raster wählen	Den Funktionstyp aus der Tabelle folgern und die Parameter aus der Tabelle entnehmen 3
Von Term / Symbolisch	Einen Funktionsterm im Kontext einer Situation sinnvoll interpretieren, Parameter eines Funktionsterms in Hinblick auf die Situation deuten 4, 9, 10, 11, 12	Aufgrund der Parameter in dem speziellen Funktionsterm den Funktionsgraphen direkt zeichnen. Die Auswirkungen von Parametern einzelner Funktionstypen zum Zeichnen nutzen können. 5, 8	Eine Wertetabelle aufstellen oder einzelne Werte bestimmen. 11	Symbolische Darstellung wechseln (z.B. faktorisieren), Parameter entnehmen, Besondere Werte berechnen (auch: Lösbarkeit), Umkehrfunktionen bestimmen. 6, 7, 11

soll, muss die Kernidee der Funktion „Beziehung zwischen zwei Größen"[1] sowie die vier Repräsentationen und deren Übergänge von Anfang an präsent sein, damit der Begriff als Ganzes aufgebaut und entwickelt werden kann. Dabei müssen Fragestellungen verwendet werden, die diesen für Schülerinnen und Schüler neuen mathematischen Gegenstand zu einem für die Lernenden sinnvollen Gegenstand machen. Die Fragestellungen müssen also so gestaltet sein, dass für ihre Beantwortung die Funktion als Ganzes betrachtet werden muss und nicht nur einzelne Wertepaare. Dies heißt unter anderem auch, dass mit Hilfe der Funktion *überhaupt* Fragestellungen beantwortet werden müssen und nicht nur beispielsweise Sachverhalte in einer neuen (funktionalen) Sprache beschrieben werden, ohne dass dies zu neuen Einsichten führt, was zum beispielsweise geschieht, wenn Graphen betrachtet werden, die den Füllvorgang von Gefäßen beschreiben. Dies ist eine gute Übung zum Repräsentationswechsel Situation ↔ Graph, aber weder in der Situation noch mit den Graphen werden werden Fragen beantwortet.

Der einfachste Funktionstyp, mit dem Fragen beantwortet werden, für die ein funktionaler Zusammenhang als ganzes betrachtet werden muss, ist der Typ der quadratische Funktion, da er ein Minimum beziehungsweise ein Maximum aufweist. Die Frage nach dem „besten" Wert wird nur möglich, wenn man die gesamte Funktion (in einem geeigneten Intervall) betrachtet. Das gleiche leisten kubische Funktionen bei Verwendung geeigneter Fragestellungen, wie sie unten dargestellt werden.

Auch ohne theoretischen Hintergrund können diese Funktionen mit Hilfe aktueller technischer Hilfsmittel (Taschenrechner, Computer mit Tabellenkalkulation[2]) erfasst werden, indem Sachkontexte in Rechnungen übersetzt werden, Wertetabellen aufgestellt und Funktionsgraphen gezeichnet werden. Aus dem Graphen oder der Wertetabelle kann dann jeweils das Optimum abgelesen und im Sachkontext interpretiert werden. Damit sind bereits mindestens fünf der sechzehn oben genannten Übergänge zwischen den Repräsentationen involviert, weitere können durch Aufgabenvariation berücksichtigt werden.

In Abgrenzung hierzu sind proportionale und „lineare"[3] Funktionen nicht geeignet, sinnvolle Fragestellungen für Schülerinnen und Schüler zu beantworten. Bei diesen beiden Funktionstypen ist nur die Auswertung von einzelnen Funktionswerten zu gegebenen Stellen oder von Funktionsstellen zu gegebenen Funktionswerten relevant. Dies erscheint für Lernende als einfache Rechnung – die Verwendung einer Funktion wirkt wie ein nicht erforderlicher zusätzliche Aufwand, was zu Unverständnis hinsichtlich der Bedeutung von Funktionen führt. Insbesondere die Fragestellungen, die mit proportionalen Funktionen behandelt werden können, werden von mathematisch denkenden Menschen mit Hilfe von Dreisatzrechnung gelöst, so dass eine Bearbeitung solcher Sachverhalte mit Funktionen sinnvollem mathematischen

---

[1] Der Aspekt, dass die zweite Größe eindeutig aus der ersten bestimmt werden kann, der sich in der Formulierung „Menge geordneter Paare" in dem Wort „linkseindeutig" niederschlägt, sei hier immer mit gedacht, wird aber zur besseren Lesbarkeit nicht jedes mal mit genannt.

[2] Die Verfügbarkeit von technischen Hilfsmitteln macht in der Tat viele Aspekte, die traditionell im Analysisunterricht gelehrt wurden, für die Lösung von Problemen

überflüssig. Dies gilt ebenfalls für die Kurvendiskussion, die als effiziente Methode, sich einen Funktionsgraph mit möglichst wenig numerischem Aufwand zu verschaffen, angesehen werden muss. Da numerischer Aufwand heute kein Problem mehr ist, wird dies Kurvendiskussion nicht mehr benötigt. Die Bedeutung des wichtigen Ableitungsbegriffs liegt auf einem anderen Schwerpunkt, wie in den Bildungsstandards dargestellt (KMK, 2012 S. 25).

[3] Der Ausdruck „lineare Funktion" meint in der Schulmathematik Funktionen vom Typ $g(x) = a \cdot x + b$. Die Definition von „linear" in der linearen Algebra besagt jedoch, dass eine Funktion h linear ist, sofern gilt: $h(x + y) = h(x) + h(y)$ sowie $c \cdot h(x) = h(c \cdot x)$. Dies trifft bei Funktionen auf den reellen Zahlen gerade auf die proportionalen Funktionen zu und nicht auf die in der Schule „linear" genannten, die als „affin linear" bezeichnet werden müssten. Aus diesem Grunde wird hier das Wort „linear" einmalig in Anführungszeichen gesetzt. Für Studierende, die mit dieser „Neudefinition" im Studium befasst werden, kann gegebenenfalls diese schulische Redeweise eine Lernbarriere bedeuten, daher ist die Verwendung dieses Ausdrucks zumindest zu hinterfragen.

Denken eher entgegen steht. Es wird schon Vollrath 1993 betont, dass Dreisatz und proportionale Funktionen denselben mathematischen Kern haben. Die dort propagierte Schlussfolgerung, den gesamten Dreisatz unter dem Aspekt proportionalen Denkens zu subsumieren, wird hier aus den genannten Gründen nicht geteilt.

Ein Unterrichtsgang zur Einführung des Funktionsbegriffes sollte also mit Optimierungsfragestellungen beginnen, wie sie aus dem Oberstufenunterricht bekannt sind. Dabei werden Wertetabellen und Funktionsgraphen zur Beantwortung der Fragestellungen genutzt. Proportionale und lineare Funktionen können danach als besonders einfache Funktionstypen erkannt und eingeordnet werden.

2   Der Unterrichtsgang

Der hier dargestellte Unterrichtsgang ist in mehreren Lerngruppen durchgeführt worden, beginnend in Jahrgang 7 oder 8.

Als Unterrichtseinstieg wird die bekannte Fragestellung aus der Oberstufe verwendet (Abb. 2).

Aufgabe: Aus einem DIN A4 Blatt Papier wird ein Karton nach dem abgebildeten Bauplan gefaltet. Bei welcher Höhe hat der Karton das maximale Volumen? (z. B. Wörle 1975, S. 175)

Diese Fragestellung ist *in dieser Form* für den Einstieg in den Funktionsbegriff nicht geeignet!

Die Frage nach dem maximalen Volumen kann nur verstanden werden, wenn die Schülerinnen und Schüler bereits über einen Funktionsbegriff verfügen. Die Frage unterstellt ja, dass sich das

Tab. 2 Ergebnisse der Schülertätigkeit an der Tafel[4]

Name	Volumen
Klaus	$988\,cm^3$
Erna	$1122\,cm^3$
Can	$1084\,cm^3$
Aycan	$548\,cm^3$
Kim	$526\,cm^3$

Volumen des Kartons in Abhängigkeit von der Höhe verändert und dieser Zusammenhang zwischen zwei Größen, bei der das Volumen aus der Höhe folgt, ist gerade der Kern des funktionalen Denkens, das hier erst entwickelt werden soll.

Schülerinnen und Schüler haben eine grundlegend andere Vorstellung von der Situation: verwendet man ein *bestimmtes* Material (hier ein Stück DIN A4 Papier), so sind die davon abgeleiteten Größen eindeutig. Sie erwarten also, dass der entstehende Karton unabhängig von den konkreten Werten für Höhe, Breite und Länge des Kartons ein *bestimmtes* Volumen hat[5].

Die Aufgabenstellung für den Einstieg in den Funktionsbegriff muss dieser Situation gerecht werden:

Aufgabe: Baue einen Karton aus einem Stück DIN A4 Papier nach der Faltskizze an der Tafel und berechne das Volumen.

Nun falten die Schülerinnen und Schüler der Lerngruppe jeweils einen entsprechenden Karton, wobei aufgrund nicht vorhandener Vorgaben unterschiedliche Höhen verwendet werden. Im Anschluss werden die Ergebnisse in einer Tabelle an der Tafel, auf einer Overheadfolie oder am Smartboard (Tab. 2).

---

[4] Die Zuordnung der Ergebnisse zu den Schülerinnen und Schüler an der Tafel erfolgt in Analogie zu dem Vorgehen von Wolgang Riemer bei Experimenten im Stochastikunterricht (z. B. Riemer (1991)) und soll die emotionale Bindung der Lernenden an die Ergebnisse stärken.
[5] Da der Unterricht zum funktionalen Denken bei vielen Schülerinnen und Schülern nicht zum gewünschten Ergebnis führt, kann unterstellt werden, dass die Oberstufenfragestellung auch im Rahmen des Analysisunterrichts in vielen Fällen auch auf Unverständnis stößt.

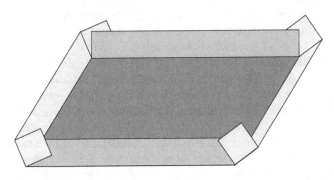

Abb. 2 Faltplan für einen Karton

Tab. 3 Ergebnisse der Schülertätigkeit an der Tafel mit Einzelwerten

Name	Höhe	Breite	Länge	Volumen
Klaus	2,5 cm	16 cm	24,7 cm	988 cm^3
Erna	3,7 cm	13,6 cm	22,3 cm	1122 cm^3
Can	5 cm	11 cm	19,7 cm	1084 cm^3
Aycan	8 cm	5 cm	13,7 cm	548 cm^3
Kim	1 cm	19 cm	27,7 cm	526 cm^3

Diese Sammlung der Ergebnisse führt bei den Lernenden zu der Frage, welches der Ergebnisse denn nun richtig sei. Zur Beantwortung dieser Frage werden die einzelnen Messungen und Rechnungen geprüft, indem die Tabelle um die Messwerte ergänzt wird (Tab. 3).

Es stellt sich heraus, dass die unterschiedlichen Ergebnisse alle richtig sind bzw. nach geringen Korrekturen stimmen. Um die Situation zu erfassen macht es also Sinn, sich einen Überblick darüber zu verschaffen, wie sich das Volumen in der Tabelle systematisch entwickelt. Dazu wird die vorhanden Tabelle entsprechend erweitert. Es müssen dafür nicht systematisch verschiedene Kartons gebaut werden, denn auf Grundlage der gemachten Erfahrungen sind die Lernenden in der Lage zu erkennen, dass sich Länge und Breite rechnerisch bestimmen lassen (Tab. 4).

Auf diese Weise wird schrittweise eine Berechnung des Volumens erarbeitet. Sowohl die Verwendung von konkreten Zahlen als auch die Zerlegung der Rechnung in mehrere Spalten sind dabei zentral. Beides gibt Schülerinnen und Schülern ein Verfahren, mit dem sie aus konkreten Rechnungen schrittweise einen Funktionsterm für eine mehrschrittige Rechnung entwickeln können. Die Zerlegung einer komplexen mehrschrittigen

Rechnung in mehrere Einzelschritte ist eine wichtige Kompetenz beim Aufstellen von Termen, die hier gezielt entwickelt wird. Aus diesen Überlegungen kann dann auch ein Rechenausdruck mit einer Variablen abgeleitet werden, dabei wird hier auf die Einheiten verzichtet (Tab. 5).

Mit Hilfe dieser Formeln kann jetzt diese Tabelle systematisch ausgefüllt werden um dann einen Funktionsgraph zu erstellen. Die einzelnen Spalten können dabei mit unterschiedlichem Technikeinsatz gefüllt werden:

1. Die technisch einfachste Form ist die Berechnung jeder einzelnen Zelle mit Hilfe der Grundfunktionen eines Taschenrechners.
2. Die Spalten „Breite" und „Länge" können mit der Tabellen-Funktion berechnet werden, wie sie viele moderne Taschenrechner zur Verfügung stellen.
3. Die Tabelle kann insgesamt mit Hilfe eines Tabellenkalkulationsprogramms programmiert werden.

Die erste Möglichkeit erfordert die geringste Vorbereitung des Technikeinsatzes im Unterricht. Problematisch dabei ist jedoch die Tatsache, dass in den einzelnen Spalten lineare Funktionen stehen. Dadurch kann die Spalte viel einfacher von oben nach unten ausgefüllt werden, was die Schülerinnen und Schüler natürlich erkennen und tun, aber der Grundidee des funktionalen Denkens widerspricht. Dies ist ein weiterer Grund dafür, warum sich funktionales Denken mit Hilfe von linearen und proportionalen schlecht entwickeln lässt. Beim Ausfüllen von Wertetabellen muss nicht funktional gedacht werden sondern nur eine arithmetische Folge in der rechten Spalte ausgefüllt werden.

Tab. 4 Entwicklung einer Wertetabelle mit Hilfe mehrerer Spalten und konkreter Zahlen

Höhe	Breite	Länge	Volumen
0,5 cm	21 cm − 2 · 0,5 cm = 20 cm	29,7 cm − 2 · 0,5 cm = 28,7 cm	278 cm^3
1 cm	21 cm − 2 · 1 cm = 19 cm	29,7 cm − 2 · 1 cm = 27,7 cm	526,3 cm^3
1,5 cm	21 cm − 2 · 1,5 cm = 18 cm	29,7 cm − 2 · 1,5 cm = 26,7 cm	720,9 cm^3
2 cm	21 cm − 2 · 2 cm = 17 cm	29,7 cm − 2 · 2 cm = 25,7 cm	873,8 cm^3
…			

Tab. 5 Wertetabelle mit Variablen

Höhe	Breite	Länge	Volumen
h	$b = 21 - 2 \cdot h$	$l = 29{,}7 - 2 \cdot h$	$V = h \cdot b \cdot l$

Bei der zweiten Möglichkeit muss die entsprechende Taschenrechnerfunktion im Unterricht thematisiert werden. Dann wird für Schülerinnen und Schüler die Verwendung eines Funktionsterms zur Erleichterung ihrer Arbeit und sie nehmen die Terme als hilfreich und Erleichterung ihrer Arbeit wahr. Die Volumenspalte muss dann immer noch Zelle für Zelle berechnet werden. Dabei muss „von links nach rechts" gerechnet werden, die Denkweise des funktionalen Zusammenhanges kommt also zum Tragen.

Bei der dritten Möglichkeit muss parallel zur Einführung des Funktionsbegriffs die Kompetenz im Umgang mit einer Tabellenkalkulation entwickelt werden, sofern dies nicht schon an anderer Stelle geschehen ist. Dabei werden die Schritte der Termformulierung, wie sie oben dargestellt wurden, in der Tabellenkalkulation in analoger Form durchgeführt. Dies ist ausführlich in Stender (2001) beschrieben. Das Erstellen der Grafik wird dabei dann besonders einfach.

Die beiden letzten Vorgehensweisen sind im Unterricht erfolgreich erprobt. Im Falle der Bearbeitung mit Hilfe des Taschenrechners wurden dann die Aufgaben in einem zweiten Durchgang mit einer Tabellenkalkulation erneut bearbeitet und dabei der Umgang mit der Tabellenkalkulation gelernt. Auf diese Weise wird die Einsicht in die funktionalen Zusammenhänge und das Aufstellen von Termen vertieft. Die Kompetenz im Umgang mit einer Tabellenkalkulation erweist sich im weiteren Umgang mit Funktionen als sehr effektiv für den Lernprozess.

Aus dem Funktionsgraphen (Abb. 3) und aus der Tabelle kann man ablesen, dass das maximale Volumen des Kartons bei einer Höhe von etwa 4 cm zustande kommt. Der Verlauf des Funktionsgraphen sollte auch qualitativ beschrieben werden, wobei insbesondere betont wird, dass der linke Teil des Graphen anders aussieht, als der recht. Der

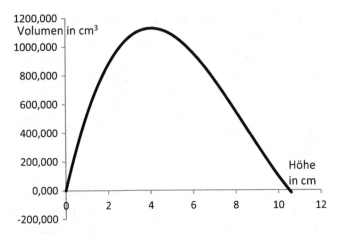

Abb. 3 Volumen des Kartons in Abhängigkeit von der Höhe

Graph ist nicht symmetrisch (wie später die Parabel) – Symmetrie ist keine Selbstverständlichkeit.

Wird eine Tabellenkalkulation verwendet, ist es leicht, die Funktion für Höhen bis 17,5 cm oder mehr zu zeichnen. Dann kann die Bedeutung der beteiligten Terme und die Ursache für negative Volumina sowie sehr große Volumina für große (virtuelle) Höhen thematisiert werden. Dabei kann dann auch der natürliche Definitionsbereich dieser Funktion geklärt werden sowie die Tatsache, dass Rechenvorschriften gegebenenfalls auch dann ausgewertet können, wenn sie inhaltlich keinen Sinn machen. Dies kann aber trotz der Realitätsferne zu mathematischer Einsicht führen (Abb. 4).

Nach der Behandlung dieser Einstiegsaufgabe sollte eine weitere ähnliche Aufgabe zur Übung

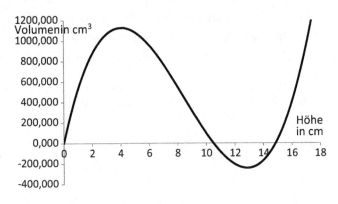

Abb. 4 Fortsetzung des Graphen außerhalb des Definitionsbereiches

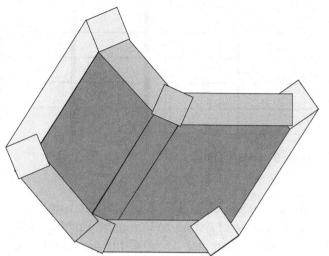

Abb. 5 Karton mit Deckel

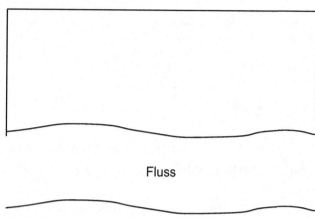

Fluss

Abb. 6 Zaun am Fluss

durchgeführt werden. Hierzu eignet sich gut die Betrachtung des Kartons mit Deckel, der nur geringe Veränderungen gegenüber der Einstiegsaufgabe aufweist. Diese Änderungen sind jedoch für Schülerinnen und Schüler umfangreich genug, um erneutes Nachdenken erforderlich zu machen – rein schematisches Anwenden reicht nicht aus.

Eine Lösung mit Hilfe einer Tabellenkalkulation findet sich für diese und die folgenden Aufgaben in Stender (2001).

Die Kartonaufgaben werden auf diese Weise zum paradigmatischen Beispiel für den Funktionsgraphen zu einem Polynom dritten Gerades. Die Einsicht in die Struktur des Funktionsterms sowie die Tatsache, dass die Höhe in dritter Potenz auftritt und dies relevant für die Form des Graphen ist, kann erst später gewonnen werden.

In den folgenden Fragestellungen sollte die Selbstständigkeit der Arbeit der Schülerinnen und Schüler schrittweise erhöht werden. Dafür wird der Komplexitätsgrad der Aufgaben hinsichtlich des Funktionstyps reduziert, die Beschreibung gelingt mit Hilfe von quadratischen Funktionen.

Als erste Aufgabe zur Parabel ist die Aufgabe „Zaun am Fluss" geeignet. Die Vorgabe zur Bearbeitung dieser Aufgabe ist wie zuvor das Aufstellen einer Tabelle und eine Funktionszeichnung über einen möglichst großen Bereich (Abb. 6).

Mit einer bekannten Menge Zaun (z. B. 800 m) soll eine zum Fluss hin offene Weide eingezäunt werden. Dabei soll eine möglichst große Weidefläche eingezäunt werden.

Für die Lösung werden wieder ähnliche Tabellen (Tab. 6) aufgestellt, wie bei der Karton-Aufgabe.

Diese Aufgabe kann variiert werden, indem vorgegeben wird, dass zusätzliche senkrechte oder waagerechte Zäune zur Unterteilung der Weidefläche eingezogen werden.

Diese Aufgabe wird zum paradigmatischen Beispiel für eine Parabel bzw. eine quadratische Funktion für die Schülerinnen und Schüler. Sie ist nach unten offen und die Nullstellen liegen bei 0 und 800. Dies ist eine Situation, die in Anwendungen viel häufiger auftritt als eine nach oben geöffnete Normalparabel mit Scheitel im Ursprung und somit als paradigmatisches Beispiel besser geeignet.

Tab. 6 Entwicklung einer Wertetabelle zum „Zaun am Fluss"

Breite	Länge	Flächeninhalt
10 m	(800 m – 10 m)/2 = 395 m	3950 m^2
20 m	(800 m – 20 m)/2 = 390 m	7900 m^2
30 m	(800 m – 30 m)/2 = 385 m	11.550 m^2
40 m	(800 m – 40 m)/2 = 380 m	15.200 m^2
…	…	…
b	$l = (800 - h)/2$	$F = b \cdot l$

Abb. 7 Regal

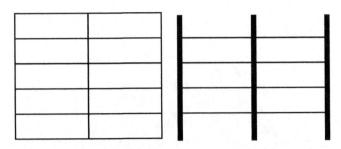

Abb. 8 Regalvariationen

Zur Vertiefung des bisher gelernten dient der Aufgabentyp „Regal", der gut variiert werden kann:

Ein Regal wie in der Abbildung dargestellt soll aus Holzbrettern hergestellt werden, die 20 cm breit sind. Das Holz kostet pro Meter 3,50 € und man erhält im Baumarkt das Holz im Zuschnitt genau in den benötigten Längen. Es stehen 30,00 € zur Verfügung. Das Regal soll so gebaut werden, dass möglichst viel hinein passt.

Im ersten Schritt wird die mögliche Holzmenge berechnet (8,57 m).

Variationen von Bauplänen sind möglich, es kann die Anzahl der Regalböden oder der Seitenwände verändert werden, ebenso kann für die Seitenwände dickeres und damit teureres Material eingesetzt werden. Das variiert dann zunächst die hier verwendeten Zahlen zwei und sechs und führt dann gegebenenfalls einen zusätzlichen Preisfaktor ein (Abb. 8).

Für die Variationen der Aufgaben „Zaun am Fluss" sowie „Regal" und alle gleich strukturierten Aufgaben gilt aus Symmetriegründen für die Lösung, das die zugrunde liegende Ressource (gesamte Zaunlänge, gesamtes eingesetztes Geld für das Material) in den beiden geometrische Ausrichtungen zu gleichen Teilen eingesetzt werden, um zur optimalen Lösung zu kommen. Im obigen Beispiel muss man also 15,00 € für die Seitenwände einsetzen und ebenso viel für die Regalböden. Diese sollte im Unterricht nicht in diesem Zusammenhang behandelt werden, da hier die Entwicklung des Funktionsbegriffs im Zentrum steht und nicht allgemeine Lösungen zu Aufgabentypen. Für die Lehrperson ist diese Information jedoch hilfreich, da auch zu spontanen oder von Schülerinnen und Schülern entworfenen Varianten die Lösung sofort erkannt werden kann.

Durch die verschiedenen Beispiele zum Nutzen von Funktionen ist an dieser Stelle des Unterrichtsganges der Schülerinnen und Schüler die Grundidee des funktionalen Zusammenhanges soweit vertraut, dass auch Fragestellungen ohne Extremwerte betrachtet werden können, allein mit dem Ziel, sich einen Überblick über einen Sachverhalt zu verschaffen.

Ein Verein plant einen Gruppenausflug. Die Kosten für den Bus mit 50 Sitzplätzen betragen 1600 €. Es ist noch nicht bekannt, wie viele Personen tatsächlich mit fahren. Verschaffe dir mit Hilfe einer Wertetabelle und einer Funktionszeichnung einen Überblick über die Kosten für den einzelnen Reisenden, je nachdem, wie viele Personen an dem Ausflug teilnehmen (Abb. 9).

Diese Aufgabe kann ebenfalls variiert werden und stellt das paradigmatische Beispiel für den Funktionstyp umgekehrt proportionale Funktion bzw. den Graphen in Form eine Hyperbel dar. Die qualitativen Eigenschaften der Funktion sollten thematisiert werden, beispielsweise, dass ab etwa 30 Personen die Kosten pro Person kaum noch sinken.

Tab. 7 Entwicklung einer Wertetabelle zum „Regal"

Breite	Höhe	Tiefe	Volumen
0,1 m	$(8,57\,\text{m} - 6 \cdot 0,1\,\text{m}) : 2 =$ 3,985 m	0,2 m	0,0797 m³
0,2 m	$(8,57\,\text{m} - 6 \cdot 0,2\,\text{m}) : 2 =$ 3,685 m	0,2 m	0,1474 m³
0,3 m	$(8,57\,\text{m} - 6 \cdot 0,1\,\text{m}) : 2 =$ 3,385 m	0,2 m	0,0203 m³
0,4 m	$(8,57\,\text{m} - 6 \cdot 0,4\,\text{m}) : 2 =$ 3,085 m	0,2 m	0,2468 m³
…	…	…	…
b	$h = (8,57 - 6 \cdot b) : 2$	0,2 m	$V = b \cdot h \cdot 0,2$

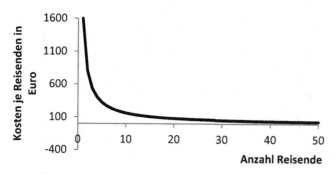

Abb. 9 Kosten einer Busfahrt

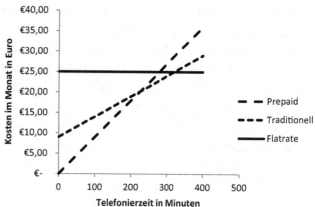

Abb. 10 Handytarife im Vergleich

Für die Betrachtung von proportionalen und linearen Funktionen bietet sich der Vergleich von Handy-Tarifen an. Es werden zwar fast nur noch Flatrates und Prepaidtarife mit festem Minutenpreis angeboten, vereinzelt gibt es jedoch noch Tarife mit Grundpreis und Minutenpreis. Dies und der Hinweis auf ähnlich gelagerte Tarifstrukturen in anderen Bereichen genügt, um den Vergleich der Kosten in den einzelnen Tarifen zu motivieren. In der Vergangenheit war diese Fragestellung aufgrund der Tarifstrukturen der Anbieter deutlich reichhaltiger, heute ist sie nicht mehr vollständig authentisch, da kaum noch reine Telefonie-Tarife angeboten werden und Flatrates unterschiedlicher Art den Markt dominieren. Das Beispiel ist aber zur Zeit noch für Schülerinnen und Schüler gut verständlich und motivierend und wird daher hier verwendet.

Hier werden zur Vereinfachung drei verschiedene Tarife betrachtet, die von den aktuell verfügbaren Tarifen inspiriert sind, aber nicht den Anspruch erheben, in der Realität wirklich aufzutreten.

Prepaidtarif: Keine Grundgebühr, 0,09 € Minutenpreis.

Traditioneller Tarif: 9,00 € Grundgebühr, 0,05 € Minutenpreis.

Flatrate: 30,00 € Grundgebühr, kein Minutenpreis.

Zeichnet man die zu den Tarifen gehörenden Funktionsgraphen mit Hilfe einer Wertetabelle, so wird sofort klar, welche Frage sinnvoll ist: bei welchem Telefonieraufkommen im Monat lohnt sich der einzelne Tarif. Die Antworten liefern die Schnittpunkte der Funktionen. Schnittpunkte von

Funktionen sind also wichtige Punkte, mit deren Hilfe realitätsbezogene Fragestellungen beantwortet werden können. Schnittpunkte zwischen Funktionen können mit Hilfe von Wertetabellen oder Funktionsgraphen bestimmt werden. Als Nebeneffekt wird hier noch die Herkunft der Bezeichnung „Flatrate" deutlich.

Man kann sich jedoch den Aufwand der Wertetabelle oder der Zeichnung sparen, wenn man die Tarifstruktur verstanden hat. Es genügt dann die Lösung einer einfachen Gleichung der Form

$$G_1 + m_1 \cdot t = G_2 + m_2 \cdot t \,,$$

wobei G_1, G_2 für die Grundpreise und m_1, m_2 für die Minutenpreise stehen. Die Untersuchung von Handytarifen oder anderen gleich strukturierten Kostenfunktionen führt also direkt zu der Einführungen von Gleichungen. Gleichungen sind dabei Fragen, die man an Funktionen stellt. Ist dies durch Behandlung unterschiedlicher Beispiele gut bei den Schülerinnen und Schülern verankert, ist das umfangreiche Üben unterschiedlicher Gleichungen als „Trockenübungen" für die Lernenden ein gut akzeptierter Lernschritt. Werden Gleichungen auf diese Weise eingeführt, ist dabei Termumformung ein Instrument um Gleichungen zu lösen. Will man Vorratslernen vermeiden, kann man durch geeignete in der Schwierigkeit progressive Aufgabengruppen das Lösen von Gleichungen und die relevanten Termumformungsfähigkeiten parallel entwickeln.

Daneben sollte in diesem Kontext die Sonderrolle von linearen und proportionalen Funktionen heraus gearbeitet werden, wobei der Umgang mit linearen und proportionalen Funktionen natürlich noch mit Hilfe von weiteren ähnlich gelagerten Beispielen vertieft werden muss.

- Die Rechenvorschriften sind besonders einfach.
- Zum Zeichnen benötigt man nur zwei Punkte und ein Lineal – erkennt man, dass eine Funktion linear oder proportional ist, so kann man sich Arbeit beim Aufstellen der Wertetabelle und beim Zeichnen sparen.
- Entdeckt man bei einer gegebenen Wertetabelle , zum Beispiel einer Messreihe in der Physik, dass der Zusammenhang linear oder proportional ist, kann man sehr einfach eine Rechenvorschrift dazu finden. Dies führt in vielen Fällen zu physikalischen Formeln.

2.1 Arbeiten mit Funktionen im weiteren Unterricht

Ist die Tabellenkalkulation im Rahmen dieses Unterrichtsgang ausgiebig verwendet worden, kann sie in späteren Unterrichtseinheiten gewinnbringend eingesetzt werden, wie hier an zwei Beispielen gezeigt werden soll.

Zum Umgang mit quadratischen Funktionen gehört es in der Regel, aus gegebenen Graphen auf den Funktionsterm zu schließen, aus Funktionstermen Graphen herzustellen und unterschiedliche Darstellungsformen (Normalform, Scheitelpunktsform) ineinander zu überführen.

Dazu dient die folgende Aufgabe (nach Barzel, 2002):

Stelle das Bild in Abb. 11 mit Hilfe einer Tabellenkalkulation her.

In der Tabelle müssen zwölf Parabeln (eine davon zur Gerade entartet) hergestellt werden, wobei jeweils noch der Wertebereich angepasst werden muss. Hier ist nur der Aufbau für eine Funktion in der Tabelle dargestellt. Die Parameter gehören zu den Schultern, die Spalten werden bis in Zeile 211 nach unten kopiert (damit korrespondiert die Zahl 200 in Zelle B7) (Tab. 8).

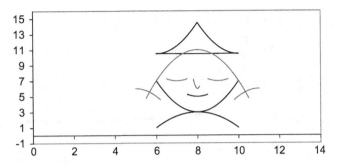

Abb. 11 Kopf

Tab. 8 Tabellenkalkulationsrechnung zum „Kopf"

	A	B
1	a	-0,5
2	b	8
3	c	-29
4		
5	kleinstes x	6
6	größtes x	10
7	Schrittweite	=(B10-B9)/200
9		
10	x	f1(x)
11	=B5	=B$1*A11^2+B$2*A11+B$3
12	=A11+B$7	=B$1*A12^2+B$2*A12+B$3
13	=A12+B$7	=B$1*A13^2+B$2*A13+B$3
14	=A13+B$7	=B$1*A14^2+B$2*A14+B$3

Eine nachfolgend dargestellte Übung zu Potenzfunktionen (Abb. 12) verwendet den gleichen Aufgabentext.

Schülerinnen und Schüler müssen dann die Parameter, die die jeweiligen Funktionen festlegen, aus der Zeichnung entnehmen, geeignet in einen Funktionsterm einfügen, diesen mit Hilfe der Tabellenkalkulation in eine Grafik überführen und dann prüfen, ob die Funktion richtig erzeugt wurde. Da die Koordinatensysteme in Tabellenkalkulationsprogrammen zunächst automatisch skaliert werden, muss gegebenenfalls ein Wechsel des Koordinatensystems vorgenommen werden. Auch hier sind verschiedene Repräsentationswechsel involviert.

Treten im folgenden Unterricht bisher nicht behandelte Funktionstypen auf, wie die Exponentialfunktion oder die Sinus-Funktion, ist es für Schülerinnen und Schüler ein natürlicher Zugang, zunächst mit Hilfe von Wertetabellen und Graphen zu explorieren, welche qualitativen Eigenschaften

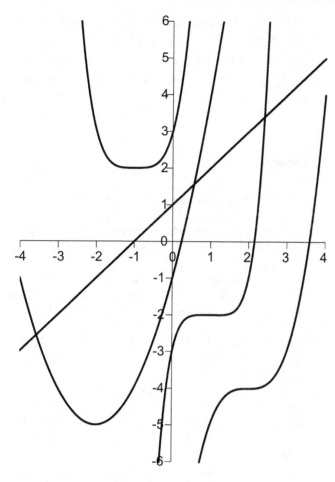

Abb. 12 Potenzfunktionen

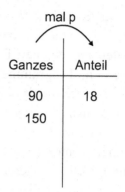

Abb. 13 Prozentrechnung in Tabellen

diese Funktionen haben und welche Auswirkungen auftretende Parameter auf Lage und Aussehen des Graphen haben. Daran anschließend können die gefundenen Eigenschaften analytisch geklärt werden.

2.2 Vorbereitende Tätigkeiten im Unterricht vor Einführung des Funktionsbegriffes

Bereits in den Jahrgängen 5 und 6 können Aspekte von Kompetenzen, die beim Erwerb des Funktionsbegriffes förderlich sind, im Unterricht thematisiert werden. Dazu werden hier einige Beispiele genannt.

Tabellen können in vielfältigen Situationen als Ordnungsschema genutzt werden und sollten wo immer möglich eingesetzt werden.

So ist zum Beispiel in der Prozentrechnung die Darstellung aus Abb. 13 gut strukturierend.

In dieser Darstellung erschließt sich für Schülerinnen und Schüler sehr gut, was zu rechnen ist. Hier muss im ersten Schritt p bestimmt werden. Mit $90 \cdot p = 18$ können sich die Lernenden gut selbst überlegen, was zu tun ist, sofern man die Erfahrungen aus der Grundschule nutzt und daran anknüpft: dort wird $90 \cdot \square = 18$ geschrieben. Die Rechnung $18 : 90 = 0{,}2 = 20\,\%$ kann dann leicht mit dem Taschenrechner erledigt werden, ebenso wie der folgende Schritt $150 \cdot 0{,}2 = 30$. Wird diese Tabelle als Standardinstrument bei der Prozentrechnung verwendet, hilft sie, den richtigen Rechenansatz zu finden, was viel wirkungsvoller ist als die in Lehrbüchern oft aufgeführten Formeln. Da der größte Teil der Prozentrechenaufgaben Anwendungsaufgaben sind, ist immer einer Übersetzung von Realität in die Mathematik im Sinne des Modellierungskreislaufes erforderlich. Dies ist beim Prozentrechnen für Schülerinnen und Schüler das eigentliche Problem, nicht die Rechnung, die jedoch in vielen Lehrbüchern im Zentrum steht.

Für den mathematisch erfahrenen Leser ist hier auch ersichtlich, dass Dreisatz in der gleichen Weise dargestellt werden kann und hier ebenfalls implizit schon proportionale Funktionen (also funktionales Denken) behandelt werden. Diese Vernetzung stärkt die Kompetenzen der Schülerinnen und Schüler im Umgang mit Tabellen. Auf diese Weise wird auch die oben genannte Position von Vollrath (1993) berücksichtigt.

Diagramme in Koordinatensystemen können schon frühzeitig im Unterricht behandelt werden. Statistische Daten aus eigenen Erhebungen können erstellt werden, Diagramme aus Zeitungen (Herget, 1998) können analysiert und gedeutet werden. Dabei lernen Schülerinnen und Schüler die Verwendung von Koordinatensystemen in sehr verschiedenen Kontexten und Realisierungen. Gerade in Zeitungsartikeln werden oft Koordinatensysteme mit ungleich skalierten oder verzerrten Achsen und ungewöhnlichen Koordinatenursprüngen verwendet. Andererseits werden in Zeitungen oft Daten in Fließtext dargestellt, obwohl Darstellungen in Tabellen und Diagrammen viel instruktiver sind. Hier wird Schülerinnen und Schülern der Vorteil von Tabellen und Diagrammen gut erfahrbar gemacht.

Geometrische Fragestellungen können oft einfacher und präziser mit Hilfe eines Koordinatensystems formuliert werden. Das Koordinatisieren von geometrischen Sachverhalte erleichtert die Kommunikation und die gute Wahl des Koordinatensystems oft auch die einfache Bearbeitung des Sachverhaltes.

3 Fazit

Für die Ausbildung des funktionalen Denkens müssen die vier Repräsentationen „Situation, Term, Tabelle, Graph" sowie deren Übergänge von Beginn an im Zentrum des Lernprozesses stehen. Erst wenn ein gutes Grundverständnis im Sinne dieser vier Repräsentationen vorhanden ist, ist es sinnvoll, technische Aspekte zu betrachten, die mehr formale mathematische Tätigkeiten erfordern. Technische Hilfsmittel wie Taschenrechner und Tabellenkalkulationsprogramme erleichtern den Umgang mit Funktionen sehr und es sollte daher in keinem Mathematikunterricht auf den intensiven Einsatz dieser beiden Hilfemittel verzichtet werden.

Eine Vorbereitung des Funktionsbegriffes kann in der Schule sehr früh durch die Nutzung von Tabellen und Koordinatensystemen beginnen und diese Chance sollte im Unterricht intensiv genutzt werden.

Literatur

Barzel, B.: Drei Chinesen und ein Taschenrechner. In: Herget, W., Lehmann, E. (Hrsg.) Neue Materialien für den Mathematikunterricht mit dem TI-83/89/92 in der Sekundarstufe. I – Quadratische Funktionen, S. 24–32. Schroedel, Hannover (2002)

Hußmann, S., Laakmann, H.: Eine Funktion – viele Gesichter, Darstellen und Darstellungen wechseln. Praxis der Mathematik in der Schule 53(38), 2–13 (2011). Aulis

Herget, W., Scholz, D.: Die etwas andere Aufgabe. Mathematik-Aufgaben Sek I – aus der Zeitung. Kallmeyer, Seelze (1998)

Kaiser, G., Stender, P.: Complex Modelling Problems in Co-operative, Self-Directed Learning Enviroments. In: Teaching Mathematical Modelling: Connecting to Research and Practise, S. 277–294. Springer, Dordrecht (2013)

KMK: Bildungsstandards im Fach Mathematik für den Mittleren Schulabschluss (Jahrgangsstufe 10) Beschluss Kultusministerkonferenz, 4.12.2003. (2003)

KMK: Bildungsstandards im Fach Mathematik für die allgemeine Hochschulreife Beschluss Kultusministerkonferenz, 18.10.201. (2012)

Leuders, T., Prediger, S.: Funktioniert's? Denken in Funktionen. Praxis der Mathematik in der Schule 47, 6 (2005). Aulis

Riemer, W.: Stochastische Probleme aus elementarer Sicht. BI-Wissenschaft-Verlag, Mannheim, Wien, Zürich (1991)

Stender, P.: Mathe mit Zellen. Handreichung der Schulbehörde Hamburg (2001). http://bildungsserver.hamburg.de/contentblob/3871838/data/mathemitzellen.pdf

Vollrath, H.-J.: Funktionales Denken. Journal für Mathematikdidaktik 10, 3–37 (1989)

Vollrath, H.-J.: Dreisatzaufgaben als Aufgaben zu proportionalen Zuordnungen. Mathematik in der Schule 31, 209–221 (1993). Aulis

Wörle, K., Kratz, J., Keil, K.-A.: Infinitesimalrechnung. Bayerischer Schulbuchverlag, München (1975)

3D-Computerspiele und Analytische Geometrie

Uwe Schürmann

Zusammenfassung

Woher „weiß" der Computer eigentlich, dass ich bei einem Schuss ein gegnerisches Objekt getroffen habe? Wie kann in 3D-Computerspielen Rechenleistung eingespart werden, damit das Spielgeschehen in Echtzeit verläuft? Und wie gelangen Ausschnitte aus der 3D-Welt eines Computerspiels letztlich auf den Bildschirm? – Solche und weitere Fragen werden im Artikel als unterrichtspraktische Beispiele für Modellierungsprobleme und Anwendungsbezüge der Analytischen Geometrie vorgestellt. Des Weiteren werden Möglichkeiten und Grenzen des Kontextes 3D-Computerspiele für die gymnasiale Oberstufe in didaktischer Hinsicht aufgezeigt und diskutiert.

1 Einleitung

Computerspiele mit dreidimensionaler Grafik erfreuen sich großer Beliebtheit, gerade bei Heranwachsenden. Mag der Konsum solcher Spiele für reichlich Diskussionen sorgen, da beispielsweise junge Menschen aus Sicht von Erwachsenen zu viel Zeit dafür aufwenden oder gewalthaltige Computerspiele für aggressives Verhalten im echten Leben verantwortlich gemacht werden, so bieten sie abseits dieser Debatten dennoch Potenzial für den Einsatz im Unterricht. Jüngst wurde dem Thema beispielsweise eine eigene Ausgabe der Zeitschrift Erziehung und Wissenschaft (GEW 2013) gewidmet, in der in verschiedenen Beiträgen sowohl auf Gefahren als auch auf Chancen von Computerspielen für Schule und Unterricht eingegangen wird. Gerade bezogen auf den Mathematikunterricht bieten Computerspiele Anlass, die Bedeutung des Faches, insbesondere der Analytischen Geometrie, für reale Phänomene der Alltagswelt von Schülerinnen und Schülern zu verdeutlichen.

Dass der Realitätsbezug 3D-Computerspiele mit Mitteln der Analytischen Geometrie in der Oberstufe derart gut erfasst werden kann, ist nur auf den ersten Blick überraschend. Zu bedenken ist dabei, dass 3D-Computerspiele immer schon eine mathematische Beschreibung der Wirklichkeit oder der Phantasie eines Spielentwicklers (!) voraussetzen, wir es also schon bei jeder dreidimensionalen Grafik mit einem mathematischen

U. Schürmann ✉
Institut für Didaktik der Mathematik und der Informatik, Westfälische Wilhelms-Universität Münster, Fliednerstraße 21, 48149, Münster, Deutschland

J. Maaß, H.-S. Siller (Hrsg.), *Neue Materialien für einen realitätsbezogenen Mathematikunterricht 2*, Realitätsbezüge im Mathematikunterricht, DOI 10.1007/978-3-658-05003-0_10,

Modell zu tun haben. So wird deutlich, dass hier ein eigentümlicher Realitätsbezug vorliegt. Zum einen ist ein Computerspiel gerade nicht Realität, da es ja diese, oder zumindest Teile davon, lediglich mathematisch beschreibt. Zum anderen gehören Computerspiele heute wie selbstverständlich zur Lebenswelt von Schülerinnen und Schülern und sind somit als Phänomene des Alltags eben doch Teil der Realität, welche dem Menschen durch Erfahrung zugänglich ist. Der Begriff *virtuelle Realität* mag diesen Umstand wohl am trefflichsten umschreiben.

Ausgangspunkte bilden im Folgenden einfache Fragestellungen, die sich mithilfe beliebiger Spiele motivieren lassen und als unterrichtspraktische Beispiele für Modellierungsprobleme und Anwendungsbezüge der Analytischen Geometrie thematisiert werden können. Die Fragen lauten z. B.: „Woher ‚weiß‘ der Computer eigentlich, dass ich bei einem Schuss ein gegnerisches Objekt getroffen habe? Wie kann in 3D-Computerspielen Rechenleistung eingespart werden, damit das Spielgeschehen in Echtzeit verläuft? Und wie gelangen Ausschnitte aus der 3D-Welt eines Computerspiels letztlich auf den Bildschirm?" Die Anwendungsbeispiele werden in die Bereiche (a) Spielsituationen, (b) rechenminimierende Verfahren und (c) Darstellungen auf dem Bildschirm eingeteilt, der Reihe nach vorgestellt und mit didaktischen Anmerkungen und konkreten Aufgabenbeispielen versehen, die bei der Implementierung in den eigenen Unterricht helfen sollen. Abschließend werden Möglichkeiten und Grenzen des Kontextes 3D-Computerspiele in didaktischer Hinsicht aufgezeigt und diskutiert.

2 Spielsituationen

2.1 Beschreibung von Objekten

Eine einfache wie notwendige Übung für die Erstellung von 3D-Computerspielen ist die Beschreibung von Objekten mithilfe von Vektoren. Eine erste Übung könnte darin bestehen, Novizen in der

Analytischen Geometrie möglichst einfach konstruierte, geradlinige Objekte mit Koordinaten beschreiben zu lassen. Computersoftware kann hierbei für die nötige Visualisierung sorgen, ist aber nicht Voraussetzung. Filler (2008) gibt viele Beispiele für die Verwendung der Software POV-Ray (www.povray.org) im Unterricht, bei der Grafiken durch die eingabe mathematischer Befehle generiert werden. Wer lieber eine 3D-Grafiksoftware verwenden möchte, bei der die Bilder direkt auf einer grafischen Oberfläche erstellt werden, möge das ebenso kostenlose Programm Blender (www.blender.org) ausprobieren.

Solche Aufgaben, wie auch die folgende, können leicht mit Elementen aus Modellierungsprozessen angereichert werden, indem Schülerinnen und Schüler beispielsweise mit der Frage konfrontiert werden, welche Teilaspekte eines Objektes außer Acht gelassen werden können, und Abschätzungen zu Längen- und Größenverhältnissen anstellen. Außerdem bieten derlei Aufgaben Potential zur Selbstdifferenzierung, da die Schüler weitestgehend eigenständig darüber entscheiden können, wie anspruchsvoll ihr Lösungsweg sein soll. So können einige Schülerinnen und Schüler Eckpunkte definieren, was lediglich die Wahl eines Koordinatenursprungs und eine Abschätzung bezüglich der Längen verlangt, andere können bereits Kanten und Flächen des Hauses mit Geraden- und Ebenengleichungen unter Berücksichtigung der Parameter beschreiben.

Aufgabe: Objekte beschreiben

Auf den Bildern sehen Sie ein Haus, welches in einem Computerspiel mit 3D-Grafik eingefügt werden soll.

a) *Nennen Sie zunächst die Details des Bildes, welche Ihrer Meinung nach nicht durch dreidimensionale Objekte dargestellt werden müssen! Fertigen Sie anschließend eine vereinfachte Zeichnung an!*

b) *Beschreiben Sie die Eckpunkte des Hauses mithilfe von Punkten im Raum. Dazu müssen Sie Maße wie Höhe und Breite des Hauses abschätzen und den Ursprung für ein Koordinatensystem festlegen!*

c) *Beschreiben Sie die Seiten des Hauses mithilfe von Strecken. Stellen Sie hierzu Parametergleichungen von Geraden auf und geben Sie jeweils an, welche Werte die Parameter jeweils annehmen dürfen!*

Bei der Bearbeitung der eben genannten Aufgabe Unterricht zeigte sich, dass die Lernenden sich schnell darüber einig sind, dass bestimmte Objekte, wie Bäume, die Struktur der Wand und Details der Fenster nicht in allen Facetten mittels Vielecken dargestellt werden müssen, sondern eine Textur auf einer Fläche diese Facetten ersetzt. Als Herausforderung erwies sich die Aufgabe, eine geeignete Beschreibung von Eckpunkten des Hauses in einem selbstgewählten dreidimensionalen Koordinatensystem zu definieren. Den Schülerinnen und Schülern war nicht klar, dass sich Ergebnisse aus unterschiedlichen Gruppen nur mittelbar miteinander vergleichen lassen, da sie allesamt von der Wahl des Koordinatensystems abhängen. Selbst wenn sich zwei Gruppen auf den selben Ursprung des Koordinatensystems geeinigt haben, bestimmt auch die Wahl der Orientierung (links- oder rechtshändig) und der Maßeinheiten für die Achsen (z. B. Meter oder Zentimeter) die Koordinaten der Punkte. Das Beispiel wurde in einer Unterrichtsreihe eingesetzt, um neben der bereits bekannten Geradengleichungen in Parameterform auch Strecken zu motivieren. Die Möglichkeit, eine Strecke über die Einschränkung des Parameters

zu definieren, wurde von den Lernenden selbst geäußert. Schwierigkeiten zeigten sich weniger beim Rechnen mit den Geraden- bzw. Streckengleichungen als vielmehr beim Abschätzen von Breite, Höhe und Tiefe des Hauses.

2.2 Schuss-Treffer-Berechnung

In vielen 3D-Computerspielen muss die Frage beantwortet werden, ob ein Objekt von einem Schuss getroffen wird. Diese und ähnliche Fragen fallen in der Spieleprogrammierung unter die sogenannten Kollisions- und Überschneidungstests. Beantworten bedeutet hier, es muss ein Algorithmus vorliegen, der dieses Problem löst. Das Problem kann im Unterricht beispielsweise mittels einer Videosequenz aus einem Computerspiel verdeutlicht und dessen Lösung so motiviert werden.

Bei vielen gegenwärtigen Computerspielen bestehen die dreidimensionalen Objekte aus sehr vielen Einzelteilen. Diese Einzelteile sind nichts anderes als Vielecke, auch Polygone genannt. Es kann also zunächst nur für ein einzelnes Polygon gefragt werden, ob dieses getroffen wird. Der Einfachheit halber wird hierzu ein Dreieck verwendet, das einfachste Polygon. Die Schülerinnen und Schüler können daraufhin im Unterricht Vermutungen anstellen, welche Informationen ansonsten noch wichtig sind, um die Frage beantworten zu können. Als Ergebnis sollten die drei Eckpunkte des Dreiecks, der Standpunkt des Schützen sowie die Richtung, in die geschossen wird, genannt werden.

Aufgabe: Schuss-Treffer-Problem
In einem 3D-Computerspiel sind die Eckpunkte des Dreiecks ABC, der Standpunkt X des Spielers (z. B. ein Raumschiff) und der Vektor $\vec{r}$, der die Schussrichtung angibt, bekannt.

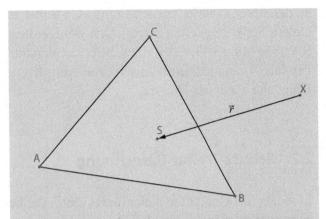

Entwickeln Sie ein Verfahren, mit dem Sie feststellen können, ob in einem dreidimensionalen Computerspiel ein Schuss ein gegnerisches Objekt (hier ein Dreieck) trifft! Sie müssen dazu mathematisch-rechnerisch bestimmen, ob der Schnittpunkt S (siehe Skizze) im Innern des Dreiecks liegt!

Die Aufgabe kann als motivierendes Beispiel zur Einführung von Geraden und Ebenen herangezogen werden, insbesondere dann, wenn beabsichtigt wird, dass Lernende zukünftig die innerhalb von Geraden- und Ebenengleichungen auftretenden Symbole sachorientiert interpretieren können. Es zeigte sich in Untersuchungen, dass es Lernenden weit besser gelingt, Geradengleichungen in Parameterform aufzustellen, als das Interpretieren einer gegebenen Geradengleichung (vgl. Wittmann 2000, S. 140). Nicht allen Schülerinnen und Schülern, die das Aufstellen einer Geradengleichung beherrschen, gelingt es, den innerhalb der Gleichung auftretenden Symbolen eine sachorientierte Bedeutung beizumessen. Syntaktisch-algorithmisches Denken und semantisch-begriffliches sind demnach prinzipiell voneinander unabhängig, wobei letzteres deutlich weniger stark ausgeprägt ist. Wittmann (vgl. ebenda, S. 141) diskutiert diesen Umstand in Verbindung mit den Vorerfahrungen zum Thema Geometrie, die Schülerinnen und Schüler bereits in der Sekundarstufe I gesammelt haben. Werden Geraden in der Sekundarstufe I als eigenständiges Objekt aufgefasst, so überwiegt auch in der Se-

kundarstufe II bei Lernenden die Deutung der Geraden in Parameterform als ein statisches Objekt. Eine dynamische Deutung, bei der der Ortsvektor, die Länge des Richtungsvektors als auch der Parameter vor diesem eine Bedeutung erhalten, wird dadurch erschwert. Doch gerade diese Bedeutungsinhalte sind für die Interpretation der Geradengleichung in Sachzusammenhängen von hoher Bedeutung (vgl. Tietze; Klika; Wolpers 2000, S. 167).

Das Schuss-Treffer-Problem in Computerspielen eignet sich hingegen besonders dazu, die dynamische Deutung der Geradengleichung hervorzurufen. Des Weiteren motiviert das Beispiel dazu, die Begriffe Halbgerade und (Weg-)Strecke auch im Unterricht der Analytischen Geometrie einzuführen. Hierdurch wird ebenso die Möglichkeit eines tieferen Begriffsverständnisses geboten, da Begriffe aus der Sekundarstufe I erweitert und in neuen Kontexten angewendet werden. Für die Interpretation von Geraden und Ebenen im Kontext Computerspiele spricht auch, dass hier die Eigenschaften von Vektoren – Länge, Orientierung und Richtung – im Sachzusammenhang relevant sind.

Weiterhin kann das Schuss-Treffer-Problem aber auch verwendet werden, wenn Geraden und Ebenen bereits erschöpfend behandelt worden sind. So können beispielsweise die Lernenden mit der Aufgabe konfrontiert werden, eigenständig ein Verfahren zur Schuss-Treffer-Berechnung zu entwickeln. Bei der Aufgabe handelt es sich um ein im Lösungsweg offenes Problem. Zwar verlangen alle im Folgenden skizzierten Lösungsansätze zunächst das Aufstellen einer Geraden- und einer Ebenengleichung sowie die Berechnung des zugehörigen Schnittpunktes. Anschließend müssen die Lernenden jedoch einen Weg finden, um zu prüfen, ob dieser Schnittpunkt auch wirklich innerhalb des Dreiecks liegt.

Verfahren mithilfe der Parameter Zunächst wird eine Geradengleichung des Schusses erstellt, wobei sich der Stützvektor aus der Position des Schützen ergibt und der Richtungsvektor aus der Richtung, in die geschossen wird. Des Weiteren wird aus den drei Punkten A, B und C eine Ebenengleichung in Parameterform wie folgt erstellt:

$$e: \vec{x} = \begin{pmatrix} a_1 \\ a_2 \\ a_3 \end{pmatrix} + s \cdot \begin{pmatrix} b_1 - a_1 \\ b_2 - a_2 \\ b_3 - a_3 \end{pmatrix} + t \cdot \begin{pmatrix} c_1 - a_1 \\ c_2 - a_2 \\ c_3 - a_3 \end{pmatrix}.$$

Anschließend wird die Gerade mit der Ebene gleichgesetzt, um den etwaigen Schnittpunkt zu berechnen. Um zu prüfen, ob der ermittelte Schnittpunkt im Dreieck liegt, werden die Parameter aus der Geraden- und Ebenengleichung betrachtet. Zunächst darf der Parameter der Geradengleichung nur positive Werte annehmen, denn ansonsten ginge der Schuss im wahrsten Sinne des Wortes „nach hinten los".

Da mit der Ebenengleichung in diesem Fall ein Dreieck beschrieben werden soll, dürfen auch die Parameter der Ebenengleichung nur positive Werte annehmen und es muss $0 < s + t \leq 1$ gelten (siehe Abb. 1). Wichtig ist hierbei, dass die Antwort nur korrekt ist, wenn die Richtungsvektoren der Ebene genauso wie beschrieben gebildet worden sind. Eine Verallgemeinerung des Verfahrens auf andere Polygone ist daher kaum möglich.

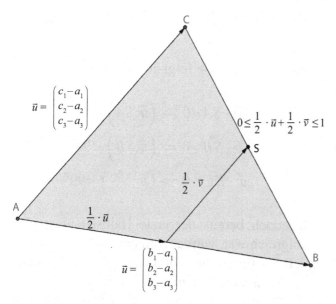

Abb. 1 Schuss-Treffer-Berechnung mit Parametern

Verfahren mithilfe der Winkelsumme Es werden wie im vorangegangenen Beispiel eine Geraden- und eine Ebenengleichung aufgestellt und ein Schnittpunkt zwischen Gerade und Ebene bestimmt. Der Parameter der Geradengleichung darf wie beim bereits genannten Verfahren ebenfalls nur positive Werte annehmen. Anders als bei dem Verfahren über die Parameter ist es jedoch egal, wie die Richtungsvektoren der Ebene aufgestellt werden. Es wird lediglich geprüft, ob die Summe der Winkel, die am Schnittpunkt S anliegen und entstehen, wenn der Schnittpunkt mit den Eckpunkten des Dreiecks verbunden wird, 360° ergibt. Wichtig ist hierbei, dass gemäß Definition überstumpfe Winkel zwischen Vektoren ausgeschlossen sind. Sollte die Winkelsumme also kleiner als 360° sein, so liegt der Schnittpunkt mit der Ebene außerhalb des Dreiecks (s. Abb. 2).

Verfahren mithilfe von Halbseitentests an orthogonalen Ebenen Im dritten und letzten Verfahren werden hauptsächlich Normalenvektoren verwendet, um zu überprüfen, ob ein Schuss das Objekt getroffen hat. In der Computergrafik werden die Normalenvektoren in den meisten Fällen so gewählt, dass sie von den Flächen eines Objekts weg zeigen. Mit dem Normalenvektor zum Dreieck ABC werden Ebenen durch die Geraden AB, BC und AC errichtet. Die Ebenen verlaufen demnach orthogonal zur Dreiecksfläche durch die einzelnen Seiten des Dreiecks.

Von den orthogonalen Ebenen weisen Normalenvektoren vom Dreieck weg. In der Skizze (s. Abb. 3) sind dies die Vektoren $\vec{u}$, $\vec{v}$ und $\vec{w}$. Der Punkt S markiert wieder den Schnittpunkt mit der Ebene, in der das Dreieck liegt. Wie in der Skizze zu sehen ist, werden Vektoren aus der Verbindung von S mit den Eckpunkten A, B und C des Dreiecks gebildet.

Über das Skalarprodukt kann nun entschieden werden, ob der Schnittpunkt S im Innern des Dreiecks liegt: In der Skizze ist zu sehen, dass im linken Dreieck der Schnittpunkt S im Innern des Dreiecks liegt und der Schuss somit ein Treffer war. Der Winkel zwischen dem Normalenvektor

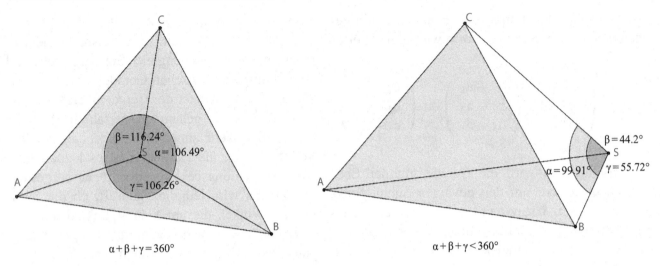

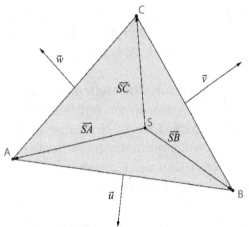

Abb. 2 Schuss-Treffer-Berechnung mit Winkelsumme

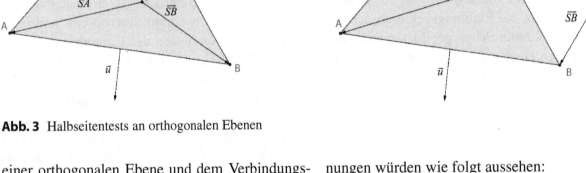

Abb. 3 Halbseitentests an orthogonalen Ebenen

einer orthogonalen Ebene und dem Verbindungs-vektor von S zu einem Punkt der Seite in der orthogonalen Ebene ist jeweils kleiner als 90°. Somit ist das Skalarprodukt zwischen den Vektoren positiv. Die Halbseitentests werden wie folgt durchgeführt:

$$\vec{u} \cdot \vec{SA} > 0 \Rightarrow \sphericalangle\left(\vec{u}; \vec{SA}\right) < 90°;$$

$$\vec{v} \cdot \vec{SB} > 0 \Rightarrow \sphericalangle\left(\vec{v}; \vec{SB}\right) < 90°;$$

$$\vec{w} \cdot \vec{SC} > 0 \Rightarrow \sphericalangle\left(\vec{w}; \vec{SC}\right) < 90°.$$

In der Skizze ist zu sehen, dass im rechten Dreieck der Schnittpunkt S außerhalb des Dreiecks liegt und der Schuss somit kein Treffer war. Die Berech-

nungen würden wie folgt aussehen:

$$\vec{u} \cdot \vec{SA} < 0 \Rightarrow \left(\vec{u}; \vec{SA}\right) > 90°;$$

$$\vec{v} \cdot \vec{SB} > 0 \Rightarrow \left(\vec{v}; \vec{SB}\right) < 90°;$$

$$\vec{w} \cdot \vec{SC} > 0 \Rightarrow \left(\vec{w}; \vec{SC}\right) < 90°.$$

Da jedoch bereits der erste Halbseitentest nicht erfolgreich war, würde in einem realen Computerspiel das Programm abbrechen und die weiteren zwei Skalarprodukte nicht mehr bilden.

Welches ist das „beste" Verfahren? Wurden im Unterricht die verschiedenen Verfahren zur Trefferbestimmung thematisiert, so schließt sich fast zwangsläufig die Frage an, welches Verfahren denn nun das „beste" sei. Die Frage muss präzisiert werden: Die Schülerinnen und Schüler müssen Auskunft darüber geben, wann ein Verfahren als gut, oder gar als das beste bezeichnet werden kann. Vermutlich werden einige Schülerinnen und Schüler darauf antworten, dass dasjenige Verfahren das beste sei, welches aus Sicht der Lernenden am einfachsten zu verstehen und durchzuführen ist, und sich für das Verfahren mithilfe der Parameter entscheiden.

Für die Lehrperson besteht die Gelegenheit, auf die Sicht des Programmierers hinzuweisen. Welches Verfahren ist wohl am einfachsten zu programmieren, weil es außer auf das Dreieck auch auf andere Fälle als das Dreieck verallgemeinerbar ist? Welches Verfahren verlangt dem Computer am wenigsten Rechenaufwand ab? Im Lichte dieser Fragen erscheint das Verfahren mithilfe der Parameter nicht mehr als sehr geeignet. Schon die Einschränkung, dass die Ebenengleichung nicht frei gewählt werden kann, sondern sich die Wahl der Parameter und die der Vektoren wechselseitig bedingen, macht eine Verallgemeinerung schwierig. Selbst wenn dieser Aspekt außer Acht gelassen wird, zeigt sich schnell, dass das Verfahren allenfalls auf Parallelogramme erweitert werden kann. Aber schon ein Trapez kann durch dieses Verfahren nicht mehr ohne Weiteres erfasst werden. Die übrigen Verfahren lassen sich auf beliebige konvexe Polygone anwenden.

Es bleiben also zwei Verfahren übrig, das Verfahren über die Winkelsumme und der Halbseitentest im Raum. Bei näherem Hinsehen zeigt sich, dass der Rechenaufwand beim Verfahren mithilfe der Winkelsumme größer ausfällt, als bei dem anderen Verfahren. Zum einen müssen in jedem Fall alle Winkel berechnet und addiert werden. Bei einem Polygon mit vielen Ecken steigt demnach immer auch die Anzahl der Rechnungen. Beim Verfahren mit Halbseitentests werden nur so lange Rechnungen angestellt, bis der Test für eine Seite fehlschlägt und das Polygon folglich nicht getroffen wird. Das Kriterium zum Abbruch weiterer Berechnungen kann gerade bei vielen Schüssen und möglicherweise getroffenen Polygonen enor-

men Rechenaufwand einsparen. Zum anderen lässt sich gerade das letzte Verfahren mithilfe von Halbseitentests an orthogonalen Ebenen gut mit weiteren Verfahren zur Einsparung von Rechenleistung, sogenannten Sichtbarkeitstests, kombinieren, wie im Folgenden am Beispiel des Backface Cullings noch deutlich werden wird.

2.3 Cheats

Bei einem Cheat (Schummelei) handelt es sich nicht um eine Spielsituation im eigentlichen Sinne. Dennoch kann die Untersuchung von Cheats im Mathematikunterricht sinnvoll sein, da sich zum einen die Prinzipien einiger Cheats mit Mitteln der Analytischen Geometrie gut erfassen lassen und Cheats zum anderen bei Lernenden eine moralische Haltung evozieren. Die Schülerinnen und Schüler stehen dem Lerngegenstand demnach nicht gleichgültig gegenüber. Zu unterscheiden sind weiterhin solche Cheats, bei denen auf „legalem" Wege der Spielverlauf in einer von den Programmierern nicht vorgesehenen Weise verändert wird (z. B. beim Strafe Running) und solche Cheats, bei denen Dateien eines Programms gezielt verändert werden, um sich selbst einen unlauteren Vorteil zu verschaffen.

Cheat: Field of View Bei einem beliebten Cheat in dreidimensionalen Computerspielen mit Ich-Perspektive wird das Sichtfeld (Field of View) vergrößert. Das kann bei einzelnen Spielen schon durch den Kauf eines größeren Bildschirms geschehen. Es kann aber auch durch die gezielte Änderung des Sichtfeldes in einer Datei des Programms stattfinden. Erst im zweiten Fall kann im eigentlichen Sinne von einem Cheat, das heißt von einem unerlaubten Vorteil in einem Computerspiel, gesprochen werden.

Schülerinnen und Schüler können hierzu eigene Überlegungen anstellen und diese beispielsweise mithilfe der Software Blender oder POV-Ray veranschaulichen. Der Cheat zur Veränderung des Sichtfelds kann insbesondere anhand der sogenannten Near Clipping Plane erläutert werden, auf die weiter unten bei den rechenminimierenden Verfahren eingegangen wird.

Cheat: Strafe Running Der Cheat Strafe Running funktionierte in einigen alten Computerspielen. Der Hintergrund besteht darin, dass damals ein Richtungsvektor für die Vorwärtsbewegung einer Spielfigur festgelegt worden ist und ein Richtungsvektor für die seitliche Bewegung. Die Geschwindigkeit, mit der nach vorne oder zur Seite gelaufen wird, ergab sich aus der Länge des jeweiligen Richtungsvektors. Die Bewegung nach vorne-seitwärts ergab sich dann aus der Addition beider Vektoren, ebenso die Geschwindigkeit. Wenn nun der Spieler die Taste für Vorwärts- und Seitwärts-Laufen gleichzeitig gedrückt hat, ergab sich aus der Vektoraddition, dass die eigene Spielfigur um bis zu $\sqrt{2}$ schneller laufen konnte, als wenn sie einfach nur nach vorne gelaufen wäre. Es ergab sich also ein enormer Vorteil.

Aufgabe: Strafe Running
a) *Informieren Sie sich im Internet über das sogenannte Strafe Running (nicht Circle Strafing!) in Computerspielen und erläutern Sie es in ganzen Sätzen! Erklären Sie insbesondere, warum Programmierer von Computerspielen es ausschließen sollten, d. h. warum ein Spiel so programmiert sein sollte, dass Strafe Running nicht erlaubt ist bzw. nicht funktioniert?*
b) *Angenommen in einem zweidimensionalen Computerspiel kann die Spielfigur um fünf Einheiten pro Sekunde nach vorne und um zwei Einheiten pro Sekunde nach rechts bewegt werden. Berechnen Sie, um wie viel schneller eine Spielfigur mit Strafe Running bewegt werden könnte!*
c) *Bestimmen Sie, wie schnell eine Spielfigur durch das Strafe Running wird und vergleichen Sie diesen Wert mit der Geschwindigkeit für die Bewegung nach vorne!*

d) *In einem zweidimensionalen Computerspiel kann die Spielfigur um fünf Einheiten pro Sekunde nach vorne und um zwei Einheiten pro Sekunde nach rechts bewegt werden. Bestimmen Sie einen Vektor für die Rechts-Vorne-Bewegung, sodass kein ungewollter Vorteil entsteht!*

Aufgabenteil a) der eben genannten Aufgabe wurde in einer Unterrichtsreihe zur Analytischen Geometrie als vorbereitende Hausaufgabe eingesetzt. In der folgenden Stunde konnten verschiedene Kursteilnehmerinnen und Kursteilnehmer die Funktionsweise des Strafe Runnings erläutern. Eine Angabe genauer Quellen im Internet seitens der Lehrperson war offenbar nicht nötig.

Das Beispiel Strafe Running und die damit verbundene vorbereitende Hausaufgabe diente zur Einführung der Länge von Vektoren. Die Lernenden sind deshalb im Unterricht mit Aufgabenteil b) konfrontiert worden. Die Berechnung des Abstandes zwischen zwei Punkten im Koordinatensystem mithilfe des Satzes von Pythagoras war den Schülerinnen und Schülern nicht mehr geläufig. Daher sollte in einer vorbereitenden Hausaufgabe zusätzlich auf diesen eingegangen werden. Für Aufgabenteil b) ergibt sich, dass die Spielfigur um ca. 7,8 Prozent schneller ist als bei der reinen Bewegung nach vorne:

$$\vec{v} = \begin{pmatrix} 2 \\ 0 \end{pmatrix} + \begin{pmatrix} 0 \\ 5 \end{pmatrix} = \begin{pmatrix} 2 \\ 5 \end{pmatrix};$$
$$|\vec{v}| = \sqrt{2^2 + 5^2} \approx 5{,}39; \quad \frac{5{,}39}{5} = 1{,}078.$$

Aufgabenteil c) stellte für viele der Lernenden eine gewisse kognitive Hürde dar. So wurde von Seiten der Lehrkraft erläutert, dass es ausreicht, die Frage mithilfe der kanonischen Einheitsvektoren zu bearbeiten. Auch bei Vielfachen der kanonischen Einheitsvektoren beträgt der Faktor, um den die Spielfigur maximal schneller werden kann, stets $\sqrt{2}$. Dieser Umstand kann eventuell den Lernenden mittels einer Konstruktion in GeoGebra (www.geogebra.org) unter Zuhilfenahme des Zugmodus in aller Kürze verdeutlicht werden.

3 Rechenminimierende Verfahren

Trotz der sich rasant entwickelnden Hardware überrascht es, wie schnell es einem Computer möglich ist, die vielen Details dreidimensionaler Welten in Sekundenschnelle bildlich darzustellen. Grund dafür sind nicht selten Verfahren, die gleichzeitig den Rechenaufwand für den Computer minimieren und dabei augenscheinlich nicht zu einem Verlust von Qualität der grafischen Darstellung führen. Solche rechenminimierenden Verfahren eignen sich in besonderem Maße zur Thematisierung im Unterricht der Analytischen Geometrie, da sie leicht zu veranschaulichen sind und meist auf wenigen Prinzipien beruhen, die wiederum mit einer überschaubaren Anzahl an Begriffen der vektoriellen Geometrie in der Oberstufe erklärt werden können.

Bis ein geometrisches Objekt auf dem Bildschirm dargestellt werden kann, ist es ein langer Weg. Die einzelnen Schritte vom geometrischen Objekt über dessen Einbettung des Objekts in einer 3D-Szenerie bis hin zur Ausgabe auf dem Bildschirm werden zusammenfassend als Grafik-Pipeline bezeichnet. Es ist ein erklärtes Ziel der Programmierung von Computerspielen, möglichst früh in diesem Prozess rechenminimierende Verfahren anzuwenden. Denn je früher unrelevante Objekte aus weiteren Berechnungen ausscheiden, umso mehr Rechenleistung kann eingespart werden. Im Folgenden werden daher zunächst Verfahren vorgestellt, die bereits an früher Stelle in der Grafik-Pipeline, im sogenannten Weltkoordinatensystem, durchgeführt werden können, und dann solche, die erst an späterer Stelle, im sogenannten Ansichtskoordinatensystem, ihre Anwendung finden.

3.1 Rechenaufwand minimieren im Weltkoordinatensystem

In Computerspielen werden Objekte zunächst in einem lokalen Koordinatensystem definiert. Anschließend werden durch Koordinatentransformationen die einzelnen Objekte in einem globalen Koordinatensystem angeordnet und so in eine Szenerie eingefügt. In der Fachliteratur wird dieses meist Weltkoordinatensystem (WKS) genannt.

Um Objekte im Weltkoordinatensystem leichter lokalisieren zu können, werden sie durch einen Mittelpunkt beschrieben und mittels eines Radius mit einer sogenannten Bounding-Sphäre umgeben. Das gesamte Objekt befindet sich daraufhin im Innern der so konstruierten Kugel. Auch zur Minimierung von Rechenaufwand im Weltkoordinatensystem eignen sich Bounding-Sphären, wie im Folgenden zu sehen ist.

Räume Ein einfaches Verfahren, um Rechenleistung zu sparen, besteht darin, nur diejenigen Objekte in Folgeberechnungen einzubeziehen, die sich im selben Raum wie die eigene Spielfigur befinden. Ein Raum wird durch Wände abgegrenzt; in einer 3D-Computerlandschaft können diese leicht durch Ebenen gekennzeichnet werden. Mit Halbseitentests lässt sich nun ermitteln, ob die Mittelpunkte gegnerischer Spielfiguren sich auf der selben Seite einer Ebene befinden wie der Mittelpunkt der Bounding-Sphäre der eigenen Spielfigur (siehe 2.2 Schuss-Treffer-Problem, Verfahren mithilfe von Halbseitentests an orthogonalen Ebenen).

Aufgabe: Räume

Ein gegnerisches Objekt soll die Spielfigur angreifen, wenn diese sichtbar ist. Wie kann der Computer feststellen, ob sich die beiden Objekte auf derselben Seite einer Wand befinden, bzw. wie stellt der Computer fest, dass sich die beiden nicht sehen, da sie durch eine Wand voneinander getrennt sind?

> *Entwickeln Sie ein Verfahren, mit dem der Computer feststellen kann, ob zwei Objekte durch eine Mauer oder ähnliches voneinander getrennt sind!*

Sehr nah und sehr weit entfernte Objekte Ein weiteres einfaches Verfahren zur Einsparung von Rechenaufwand besteht darin, Objekte, die so weit vom Spieler entfernt sind, dass sie allenfalls ein paar Pixel groß auf dem Bildschirm erscheinen werden, einfach nicht darzustellen. Mathematisch wird dies erreicht über eine Abstandsbestimmung zwischen dem Standpunkt des Spielers und dem Mittelpunkt der Bounding-Sphäre. Auf gleiche Weise können auch Gegenstände ausgeschlossen werden, die sehr nah vor dem Auge des Betrachters liegen. So wird verhindert, dass kleine Details das gesamte Sichtfeld versperren. Durch beide Einschränkungen wird Rechenaufwand eingespart.

Level of Detail In einem 3D-Computerspiel mit perspektivischer Grafik werden vom Standpunkt des Spielers weit entfernte Objekte meist durch weniger komplexe Modelle dargestellt als sehr nahe (s. Abb. 4). D. h. Objekte im Vordergrund werden mit mehr Polygonen dargestelltes als Objekte im Hintergrund. Dieses Verfahren dient der Minimierung von Rechenaufwand bei der Darstellung dreidimensionaler Grafiken. Das Verfahren nennt sich Level of Detail (LOD). Das LOD-Verfahren beruht darauf, dass bei einer perspektivischen Darstellung weit entfernte Objekte auf dem Bildschirm kleiner erscheinen und Details somit ohnehin nicht erkannt werden können. Das darzustellende Objekt wird hierzu in verschiedenen Varianten im Speicher des Computers abgelegt. Je nachdem wie weit ein Objekt entfernt ist, wird dann die entsprechende Variante gewählt. Anschließende Berechnungen, wie sie vielleicht bei der Schuss-Treffer-Problematik oder bei der Darstellung auf dem Bildschirm nötig werden, fallen dann in deutlich geringerem Umfang an.

Das Verfahren kann in einem 3D-Computerspiel in Ich-Perspektive durch eine einfache Bestimmung der Entfernung zwischen dem Standpunkt des Betrachters und dem Mittelpunkt der Bounding-Sphäre, die ein Objekt umgibt, realisiert werden. Im Unterricht können ad hoc Aufgaben generiert werden, indem die Lehrperson den Standpunkt der Spielfigur und Mittelpunkte und Radien (Bounding-Sphären) zu weiteren Objekten vorgibt. Bei der Vermittlung des Verfahrens zeigten sich keine Probleme in Lerngruppen, die mit der Berechnung von Abständen vertraut sind. Teilweise vergaßen die Lernenden jedoch vom Abstand zischen den Standpunkten noch den Radius der Bounding-Sphäre abzuziehen.

Rechenaufwand beim Schuss-Treffer-Problem Das Schuss-Treffer-Problem verlangt dem Computer – wie andere Kollisions- und Überschneidungstests auch – eine immense Rechenleistung ab. Zu bedenken ist, dass hier nur ein einzelnes Dreieck betrachtet wurde. Tatsächlich bestehen Figuren in modernen Computerspielen jedoch aus hunderten, oder gar tausenden solcher Dreiecke. Außerdem gibt ein Spieler häufig mehrere Schüsse in kürzester Zeit ab. Wie leicht zu sehen ist, führt dies zu einer sehr großen Anzahl an Berechnungen, was wiederum dazu führen kann, dass selbst sehr leistungsstarke Computer das Spielgeschehen nicht mehr in Echtzeit wiedergeben. Was dann zu sehen ist, sind ruckelnde Bilder, die vermutlich jedem Spieler auf älteren Rechnern schon einmal begegnet sind.

Wie aber lässt sich verhindern, dass der Computer bei jedem Schuss derart viele Rechnungen durchführen muss? Die Programmierer hatten folgende Idee: Zunächst lassen sie den Computer prüfen, ob ein Schuss überhaupt in die Nähe des gegnerischen Objekts kommt. Wird ein Schuss abgegeben, prüft der Computer erst einmal, ob die das Objekt umgebende Bounding-Sphäre getroffen wurde. Ist dies nicht der Fall, so entfallen auch alle anderen Schuss-Treffer-Berechnungen zu den Vielecken, aus denen die zu treffende Figur besteht. Es wird viel Rechenleistung durch dieses Verfahren eingespart.

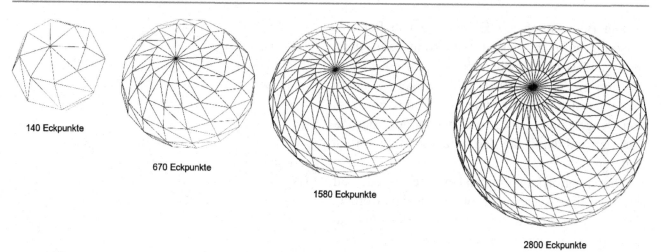

140 Eckpunkte

670 Eckpunkte

1580 Eckpunkte

2800 Eckpunkte

Abb. 4 Level of Detail

Das Problem lässt sich für den Unterricht auf eine Gerade und einen Kreis in der Ebene reduzieren. Es handelt sich wieder um eine im Lösungsweg offene Aufgabe. Es bestehen z. B. die folgenden Möglichkeiten, um das Problem zu lösen:

- Lösung über das Minimum des Graphen der Abstandsfunktion
- Lösung durch Gleichsetzen des Terms der Abstandsfunktion mit der Länge des Radius
- Lösung durch Kreisgleichung und Gerade
- Lösung mithilfe des Skalarprodukts

Selbstverständlich könnte die Schnittpunktbestimmung zwischen Gerade und Kreis auch ohne den Kontext Computerspiele im Unterricht behandelt werden. Hier aber ist eine Motivation unmittelbar gegeben: Ein für viele Heranwachsende alltagsnahes Phänomen wird durchdrungen und verstanden. Eine ausführliche, an Lernende gerichtete Darstellung der verschiedenen Lösungswege steht auf der Homepage des Autors zum Download bereit (http://tinyurl.com/pt6xp8r).

Aufgabe: Rechenaufwand beim Schuss-Treffer-Problem

Der Schütze steht auf dem Punkt P(1; 1) und schießt mit dem Richtungsvektor

$$\vec{v} = \begin{pmatrix} 8 \\ 2 \end{pmatrix}.$$

Das gegnerische Objekt hat den Mittelpunkt M(7; 4) und wird von einer Bounding-Sphäre mit einem Radius von 2 komplett eingeschlossen.

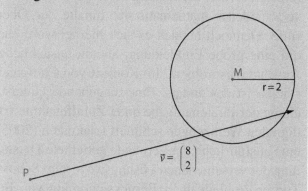

Berechnen Sie, ob der Schuss nah genug am gegnerischen Objekt ist, sodass weitere Berechnungen erfolgen müssen!

Rechenaufwand beim Schuss-Treffer-Problem mit Bewegung In dem vorangegangen Beispiel ging es um einen Schuss, bei dem die Bewegung sowohl des Geschosses als auch des zu treffenden Objektes unberücksichtigt blieb. So wird beispielsweise nicht beachtet, dass das Ziel auch nach Abgabe des Schusses noch versuchen könnte auszuweichen. Es fällt jedoch leicht, eine Situation in Computerspielen zu antizipieren, die nicht statisch ist und in der Bewegungen daher relevant werden.

Die Berechnung zur Einsparung von Rechenleistung wird in diesem Fall komplexer, denn
nun geht es nicht mehr lediglich um eine Gerade und einen Kreis (bzw. eine Kugel), sondern
um einen sich fortlaufend bewegenden Kreis (bzw.
eine Kugel) und eine Gerade, bei der auch der Parameter und damit die Zeit berücksichtigt werden
müssen.

Die Situation kann für den Unterricht wieder auf
ein zweidimensionales Problem reduziert werden.
Diese Aufgabe wurde auch unter dem Namen Piratenaufgabe bekannt. Dabei wird den Schülerinnen
und Schülern folgende Situation geschildert: Ein
Piratenschiff bewegt sich auf einer Geraden. Ein
Patrouillenschiff bewegt sich auf einer weiteren
Geraden. Es ist dunkel und nebelig, sodass nur eine bestimmte Sichtweite vorhanden ist. Die Frage
ist nun, ob die Patrouille die Piraten erblickt. Aus
mathematischer Sicht ist diese Aufgabe durchaus
reizvoll, fordert die Lösung doch die Verknüpfung
verschiedener mathematischer Inhalte der Oberstufe. Dennoch handelt es sich hierbei wohl eher
um eine grobe Einkleidung, als ein tatsächliches
Anwendungsproblem. Im Kontext von Computerspielen ist das anders. Eine eingehende Untersuchung der Piratenaufgabe unter Zuhilfenahme von
digitalen Werkzeugen schildert Laakmann (2005);
eine ausführliche, an Lernende gerichtete Darstellung der verschiedenen Lösungswege zum Schuss-
Treffer-Problem unter Berücksichtigung von Bewegungen steht auf der Homepage des Autors zum
Download bereit (http://tinyurl.com/pt6xp8r).

3.2   Rechenaufwand minimieren im Ansichtskoordinatensystem

Nachdem alle nötigen Berechnung im Weltkoordinatensystem durchgeführt worden sind, wird die
Szenerie aus Sicht des Betrachters dargestellt. Bei
Computerspielen mit Ich-Perspektive wird dazu
eine Koordinatentransformationen vorgenommen,
durch die in der Regel die Blickrichtung des Betrachters mit der Richtung der z-Achse identisch
ist. Sein Standpunkt im Ansichtskoordinatensystem ist dann stets S$(0; 0; -d)$, wobei d den Ab-

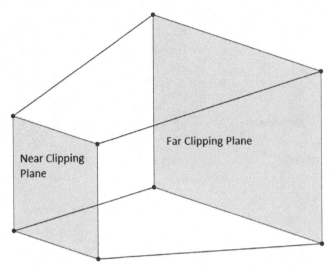

Abb. 5 Frustum Culling

stand des Betrachterstandpunktes vom Koordina-
tenursprung beschreibt.

Im Ansichtskoordinatensystem angelangt, werden meist sogenannte Culling-Verfahren angewendet. Der Begriff Culling meint eine gezielte Auswahl davon, welche Objekte überhaupt für eine
Spielsituation oder für die Darstellung auf dem
Bildschirm relevant sind, d. h. in weiteren Überlegungen berücksichtigt werden müssen. Cull bedeutet aussondern, was das Vorhaben wohl treff-
lich beschreibt.

In aller Regel beruhen Culling-Verfahren auf
dem Einsatz des Normalenvektors und eignen sich
daher besonders zur Einführung oder Anwendung
desselben im Unterricht. Einige Culling-Verfahren
werden im Folgenden vorgestellt.

Frustum Culling Beim Frustum Culling werden
alle Objekte ausgesondert, die sich nicht im Blick-
feld des Spielers befinden. Dazu wird ein Kegel-
stumpf (Frustum) mathematisch beschrieben, der
das Sichtvolumen des Spielers beschreibt (siehe
Abb. 5). Es werden neben zu nah und zu weit
entfernten Objekten auch diejenigen Objekte ausgeschlossen, deren Bounding-Sphäre sich zu weit
links oder rechts, sowie zu weit oben oder unten,
befindet.

Zu nah oder zu weit entfernte Objekt können in diesem Verfahren einfach über der z-
Koordinate des Mittelpunkts der Bounding-Sphäre

ausgeschlossen werden, da im Ansichtskoordinatensystem die *z*-Achse für die Entfernung zwischen Betrachter und Objekt steht. Ob ein Objekt sich zu weit oben oder unten, zu weit links oder rechts befindet, wird bei diesem Culling-Verfahren wieder mithilfe von Halbseitentests geprüft.

Backface Culling Als weiteres Verfahren, welches den Rechenaufwand minimiert, ist das Backface Culling zu nennen. Beim Backface Culling, welches nach dem Frustum Culling durchlaufen wird, werden nur noch diejenigen Vielecke in Betracht gezogen, die dem Spieler zugewandt sind, was mathematisch über die Richtung und Orientierung von Normalenvektoren sichergestellt wird. Rechenaufwand kann so eingespart werden, da auf dem Bildschirm ohnehin keine Seite eines massiven, geschlossenen Objektes zu sehen sein wird, die aus Sicht des Spielers auf der Rückseite eines Objektes liegt. Das Verfahren ist gut mit der Schuss-Treffer-Berechnung, insbesondere dem Verfahren mithilfe von Halbseitentests an orthogonalen Ebenen, kombinierbar. Schließlich müssen auch bei der Schuss-Treffer-Berechnung nur Vorderseiten berücksichtigt werden. Von abgelenkten Schüssen einmal abgesehen ist es unmöglich, dass ein Schuss lediglich die Rückseite eines Objektes trifft, nicht aber dessen Vorderseite.

Das Verfahren Backface Culling funktioniert wie folgt: In der Vektorgrafik ist es üblich, dass die Normalenvektoren der einzelnen Flächen von ihnen weg zeigen. So kann über das Skalarprodukt entschieden werden, ob der Winkel zwischen dem Vektor für die Blickrichtung und dem Normalenvektor weniger als 90° beträgt und somit das Polygon auf der dem Betrachter abgewandten Seite liegt und nicht dargestellt werden muss. Die Blickrichtung ergibt sich in Parallelprojektion aus dem Richtungsvektor der Projektionsstrahlen. Bei perspektivischen Projektionen wird für jede Fläche ein einzelner Sichtvektor gebildet, der vom Standpunkt des Betrachters zu einem beliebigen Punkt der Fläche führt.

Die Winkel zwischen dem Vektor $\vec{v}$ und den Vektoren $\vec{b}$ und $\vec{c}$ aus der Skizze (s. Abb. 6) sind kleiner als 90°. Somit sind diese Seiten dem

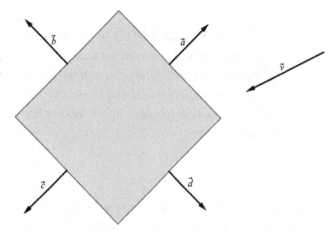

Abb. 6 Backface

Betrachter nicht zugewandt und werden bei der grafischen Darstellung oder der Trefferberechnung nicht weiter berücksichtigt. Der Winkel zwischen dem Vektor $\vec{v}$ und den Vektoren $\vec{a}$ und $\vec{d}$ ist jeweils größer als 90°. Daher sind diese Seiten dem Betrachter zugewandt und müssen bei der grafischen Darstellung oder der Trefferberechnung berücksichtigt werden.

Aufgabe: Backface Culling entwickeln

In einem Spiel soll ein Würfel ein gegnerisches Objekt darstellen. Er hat die Seitenlänge 1, ein Eckpunkt des Würfels liegt im Ursprung des dreidimensionalen Koordinatensystems und ein weiterer Eckpunkt auf $(1; 1; 1)$.

a) *Zeichnen Sie den Würfel in ein Koordinatensystem, benennen Sie die Eckpunkte des Würfels mit Buchstaben von A bis H und markieren Sie die Seiten, die für den Betrachter sichtbar sind.*

b) *Benennen Sie Normalenvektoren zu den einzelnen Flächen des Würfels!*

Durch eine Parallelprojektion wird die Blickrichtung mit dem Vektor

$$\vec{v} = \begin{pmatrix} -0{,}5 \\ -0{,}5 \\ 1 \end{pmatrix}$$

festgelegt.

c) *Entwickeln Sie ein Verfahren, durch das mathematisch geklärt werden kann, ob eine Fläche des Würfels zu sehen ist. Verwenden Sie dazu Normalenvektoren zu den Flächen des Würfels und einen Vektor für die Blickrichtung des Betrachters.*

Aufgabe: Reflexion zum Backface Culling
Mit welchem Verfahren der Schuss-Treffer-Bestimmung ließe sich das Backface Culling gut vereinbaren?
Beantworten Sei die Frage und begründen Sie Ihre Einschätzung!

Aus der zu zeichnenden Skizze ergeben sich die Eckpunkte des Würfels A(0; 0; 0), B(1; 0; 0), C(1; 1; 0), D(0; 1; 0), E(0; 0; 1), F(1; 0; 1), G(1; 1; 1) und H(0; 1; 1). Die Normalenvektoren für die Seiten des Würfels können ebenso aus der zu zeichnenden Skizze hergeleitet werden. Sie lauten:

$$\vec{n}_{\text{DAE}} = \begin{pmatrix} -1 \\ 0 \\ 0 \end{pmatrix}; \quad \vec{n}_{\text{BAE}} = \begin{pmatrix} 0 \\ -1 \\ 0 \end{pmatrix};$$

$$\vec{n}_{\text{BAD}} = \begin{pmatrix} 0 \\ 0 \\ -1 \end{pmatrix}; \quad \vec{n}_{\text{CGF}} = \begin{pmatrix} 1 \\ 0 \\ 0 \end{pmatrix};$$

$$\vec{n}_{\text{CGH}} = \begin{pmatrix} 0 \\ 1 \\ 0 \end{pmatrix}; \quad \vec{n}_{\text{FGH}} = \begin{pmatrix} 0 \\ 0 \\ 1 \end{pmatrix}.$$

Eine Seite des Würfels ist sichtbar, wenn der Winkel zwischen Vektor $\vec{v}$ für die Blickrichtung und dem jeweiligen Normalenvektor größer als 90° ist und das heißt, das Skalarprodukt muss kleiner als 0 sein. Somit sind die Seiten BAD, CGF und CGH sichtbar.

4 Darstellung auf dem Bildschirm

Nachdem die Spielsituationen geklärt und diverse rechenminimierende Verfahren angewendet worden sind, muss das dreidimensionale Spielgeschehen auf der zweidimensionalen Fläche des Bildschirms dargestellt werden.

Auch in Lehrwerken werden Abbildungen bereits über den Kontext Computergrafik eingeführt, ohne dass dabei auf weitere Verfahren in der 3D-Computergrafik eingegangen wird. So werden zum Beispiel im neuen Band des Lambacher Schweizer (Freudigmann u. a. 2011, S. 182) geometrische Abbildungen in der Ebene als Bewegung und Veränderung von zweidimensionalen Objekten auf dem Bildschirm eingeführt. Interessanter ist jedoch ein weiteres Beispiel aus dem Lambacher Schweizer. Am Beispiel Schattenwurf werden Parallelprojektionen vom Raum in eine bestimmte Ebene thematisiert (ebenda, S. 191; ausführlich werden Parallelprojektionen für den Unterricht unter Zuhilfenahme eines CAS-Rechners bei Weller und Pfleging (2012) vorgestellt). Dieses Beispiel lässt sich leicht auf den Anwendungsfall Computergrafik übertragen. Als Ansichtsebene wird in der 3D-Computergrafik in der Regel die xy-Ebene verwendet. Alle Eckpunkte von Objekten können nach Festlegung eines Richtungsvektors für Projektionsstrahlen auf die Ansichtsebene übertragen werden, indem eine Gleichung aus der Geraden, bestehend aus dem Vektor zum abzubildenden Punkt P und dem Richtungsvektor $\vec{v}$, sowie der xy-Ebene gebildet wird:

$$\vec{p} + a_1 \cdot \vec{v} = a_2 \cdot \begin{pmatrix} 1 \\ 0 \\ 0 \end{pmatrix} + a_3 \cdot \begin{pmatrix} 0 \\ 1 \\ 0 \end{pmatrix}.$$

Aufgabe: Parallelprojektion
Ein Würfel mit den Eckpunkten A(0; 0; 0), B(4; 0; 0), C(4; 4; 0), D(0; 4; 0), E(0; 0; 4), F(4; 0; 4), G(4; 4; 4), H(0; 4; 4) soll mit einer Parallelprojektion auf die xy-Ebene abgebildet werden. Die Projektionsstrahlen werden

mit dem Vektor $\vec{v}$ mit

$$\vec{v} = \begin{pmatrix} -0,5 \\ -0,5 \\ 1 \end{pmatrix}$$

festgelegt.

Berechnen Sie die Bildpunkte A', B', C', D', E', F', G', H' und zeichnen Sie anschließend das Bild in ein zweidimensionales Koordinatensystem!

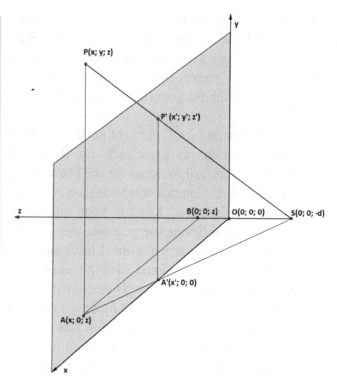

Abb. 7 Perspektivische Projektion

Zur Berechnung der einzelnen Bildpunkte können einzelne Gleichungen wie oben aufgestellt werden. Leichter erscheint jedoch die Berechnung mithilfe einer Abbildungsmatrix. In der Beispielaufgabe ergibt sich durch den Vektor für die Blickrichtung und der Tatsache, dass die Punkte auf die xy-Ebene abgebildet werden, die Abbildungsmatrix:

$$M = \begin{pmatrix} 1 & 0 & 0,5 \\ 0 & 1 & 0,5 \end{pmatrix}.$$

Neben der Familie der Parallelprojektionen sind für die 3D-Computergrafik auch die perspektivischen Projektionen bedeutsam. Diese finden in allen Spielen mit Ich-Perspektive Verwendung. Eine perspektivische Projektion in eine Ebene wird durch die Vorgabe eines Projektionszentrums (in der Fachliteratur Center of Projection (COP) genannt) und einer Ansichtsebene festgelegt. Standardmäßig befindet sich in der 3D-Grafik nach der Transformation von Welt- in Ansichtskoordinaten das COP auf der z-Achse mit $S(0; 0; -d)$, wobei d den Abstand zur Ansichtsebene beschreibt, die standardmäßig mit der xy-Ebene identisch ist. Der Betrachter blickt stets in Richtung der z-Achse (s. Abb. 7).

5 Ausblick und Grenzen des Ansatzes

Wie sich gezeigt hat, lassen sich viele Inhalte der Analytischen Geometrie wie beispielsweise

Geraden, Ebenen, Normalenvektoren und Abbildungen mittels des Kontextes 3D-Computerspiele einführen bzw. vertiefen. Dabei können teilweise Querverbindungen zur Analysis in der Oberstufe hergestellt werden (siehe Abschn. 3.2, Rechenaufwand beim Schuss-Treffer-Problem). Um einige der hier vorgestellten Anwendungen im Unterricht thematisieren zu können, ist die Einführung der Kreis- bzw. Kugelgleichung notwendig, so z. B. für Verfahren zur Minimierung des Rechenaufwandes. Des Weiteren werden zur Lösung des Schuss-Treffer-Problems Halbgeraden und Strecken verwendet, sodass auch auf diese im Unterricht eingegangen werden muss. Halten sich hiermit auf der einen Seite die zusätzlich notwendigen mathematischen Inhalte, um den Kontext Computerspiele adäquat behandeln zu können, in engen Grenzen, so bietet der Kontext auf der anderen Seite die Möglichkeit, zahlreiche mathematische Begriffe und Verfahren im Sachzusammenhang zu deuten. Hierdurch können Schülerinnen und Schüler mathematische Inhalte mit Phänomenen aus ihrem Alltag verknüpfen, was womöglich zu einem nachhaltigeren Lernen der Inhalte beiträgt. Darüber hinaus bietet der Kontext an vielen Stellen die Chance, über mathematische Verfahren zu reflektieren, indem eine Auswahl für ein bestmögliches Verfahren getroffen und kommuniziert werden muss.

Soll der Kontext im Unterricht noch vertiefend behandelt werden, so lohnt sich ein Blick auf das RGB-Farbmodell, welches für die Darstellung von Farben auf Computerbildschirmen verwendet wird. Auch dieser Kontext kann im Sinne der Analytischen Geometrie gedeutet werden und eignet sich insbesondere für die Einführung der Vektoraddition, der skalaren Multiplikation, des Skalarprodukts und des Begriffs der linearen Abhängigkeit. Beide Kontexte, Computergrafik und Farbmodelle, bauen eine Brücke zum Kunstunterricht, wo perspektivisches Zeichnen und Farbmodelle ebenfalls von Bedeutung sind. Ein fächerverbindender Unterricht wird damit möglich.

Grenzen ergeben sich für den Kontext immer dann, wenn kontextspezifisches Wissen verlangt wird, das weit vom eigentlichen Stoffgebiet der Analytischen Geometrie der Oberstufe wegführt, insbesondere dann wenn der Unterricht entlang enger zeitlicher Grenzen durchgeführt werden muss. So obliegt es der Entscheidung der Lehrkraft, auf einzelne Aspekte des Kontextes zu verzichten oder auch nur einzelne Problembereiche herauszugreifen. Der Kontext lässt dies ohne Weiteres zu. 3D-Computerspiele können sowohl punktuell als Kontext herangezogen werden als auch die gesamte Reihe der Analytischen Geometrie begleiten. Eine organisatorische Grenze ergibt sich womöglich in vielen Schulen, wenn einzelne Sachzusammenhänge mithilfe von Computern visualisiert werden

sollen, und dafür entsprechende Ausstattung und Zeit für die Einarbeitung in komplexe Programme wie Blender oder POV-Ray vorhanden sein muss. Es sei aber darauf hingewiesen, dass sich eine solche Visualisierung zwar anbietet, jedoch an keiner Stelle vorausgesetzt wird. Auch im klassischen „Kreide und Tafel-Unterricht" kann mit dem Kontext 3D-Computergrafik sinnvoll gearbeitet werden.

Literatur

Filler, A.: Einbeziehung von Elementen der 3D-Computergrafik in den Mathematikunterricht der Sekundarstufe II im Stoffgebiet Analytische Geometrie. VDM Verlag, Saarbrücken (2008). Habilitationsschrift

Freudigmann, H., et al.: Lambacher Schweizer. Mathematik für Gymnasien. Qualifikationsphase Grundkurs. Klett, Stuttgart (2011)

Gewerkschaft Erziehung und Wissenschaft im Deutschen Gewerkschaftsbund: Computerspiele. Ein Perspektivwechsel. Erziehung und Wissenschaft **2013**(12), (2013)

Laakmann, H.: Die Piratenaufgabe – Verschieden darstellen, verschieden bearbeiten. In: Barzel,, Hußmann,, Leuders, (Hrsg.) Computer, Internet und co. im Mathematikunterricht, S. 86–93. Cornelsen, Berlin (2005)

Tietze, U.P., Klika, M., Wolpers, H.: Mathematikunterricht in der Sekundarstufe II. Band II. Didaktik der Analytischen Geometrie und Linearen Algebra. Vieweg, Braunschweig und Wiesbaden (2000)

Weller, H., Pfleging, R.: Wie entsteht das Bild des Turms auf dem Bildschirm? TI Nachrichten **12**(1), 1–6 (2012)

Wittmann, G.: Schülerkonzepte und epistemologische Probleme. In: Tietze, U.P., Klika, M., Wolpers, H. (Hrsg.) Mathematikunterricht in der Sekundarstufe II. Band II. Didaktik der Analytischen Geometrie und Linearen Algebra, S. 132–148. Vieweg, Braunschweig und Wiesbaden (2000)

Xiang, Z., Plastock, R.A.: Computergrafik. mitp-Verlag, Bonn (2003)